WebAssembly
标准入门

—— 柴树杉 丁尔男 著 ——

人民邮电出版社
北京

图书在版编目（CIP）数据

WebAssembly标准入门 / 柴树杉，丁尔男著. -- 北京：人民邮电出版社，2019.1（2022.10重印）
ISBN 978-7-115-50059-5

Ⅰ. ①W… Ⅱ. ①柴… ②丁… Ⅲ. ①编译软件 Ⅳ. ①TP314

中国版本图书馆CIP数据核字(2018)第251367号

内 容 提 要

  WebAssembly 是一种新兴的网页虚拟机标准，它的设计目标包括高可移植性、高安全性、高效率（包括载入效率和运行效率）、尽可能小的程序体积。本书详尽介绍了 WebAssembly 程序在 JavaScript 环境下的使用方法、WebAssembly 汇编语言和二进制格式，给出了大量简单易懂的示例，同时以 C/C++ 和 Go 语言开发环境为例，介绍了如何使用其他高级语言开发 WebAssembly 模块。

  本书适合从事高性能 Web 前端开发、跨语言 Web 应用开发的技术人员学习参考，也可以作为 WebAssembly 标准参考手册随时查阅。

◆ 著　　　　柴树杉　丁尔男
  责任编辑　杨海玲
  责任印制　焦志炜

◆ 人民邮电出版社出版发行　北京市丰台区成寿寺路 11 号
  邮编　100164　　电子邮件　315@ptpress.com.cn
  网址　http://www.ptpress.com.cn
  固安县铭成印刷有限公司印刷

◆ 开本：800×1000　1/16
  印张：13.25　　　　　　　　2019 年 1 月第 1 版
  字数：246 千字　　　　　　　2022 年 10 月河北第 3 次印刷

定价：49.00 元
读者服务热线：(010)81055410　印装质量热线：(010)81055316
反盗版热线：(010)81055315
广告经营许可证：京东市监广登字20170147号

序

某一天，有朋友向我推荐了一项新技术——WebAssembly。我认为这是一项值得关注的技术。

说 WebAssembly 是一门编程语言，但它更像一个编译器。实际上它是一个虚拟机，包含了一门低级汇编语言和对应的虚拟机体系结构，而 WebAssembly 这个名字从字面理解就说明了一切——Web 的汇编语言。它的优点是文件小、加载快、执行效率非常高，可以实现更复杂的逻辑。

其实，我觉得出现这样的技术并不令人意外，而只是顺应了潮流，App 的封闭系统必然会被新一代 Web OS 取代。但现有的 Web 开发技术，如 JavaScript，前端执行效率和解决各种复杂问题的能力还不足，而 WebAssembly 的编译执行功能恰恰能弥补这些不足。WebAssembly 标准是在谋智（Mozilla）、谷歌（Google）、微软（Microsoft）、苹果（Apple）等各大厂商的大力推进下诞生的，目前包括 Chrome、Firefox、Safari、Opera、Edge 在内的大部分主流浏览器均已支持 WebAssembly。这使得 WebAssembly 前景非常好。

WebAssembly 是 Web 前端技术，具有很强的可移植性，技术的潜在受益者不局限于传统的前端开发人员，随着技术的推进，越来越多的其他语言的开发者也将从中受益。如果开发者愿意，他们可以使用 C/C++、Go、Rust、Kotlin、C#等开发语言来写代码，然后编译为 WebAssembly，并在 Web 上执行，这是不是很酷？它能让我们很容易将用其他编程语言编写的程序移植到 Web 上，对于企业级应用和工业级应用都是巨大利好。

WebAssembly 的应用场景也相当丰富，如 Google Earth，2017 年 10 月 Google Earth 开始在 Firefox 上运行，其中的关键就是使用了 WebAssembly；再如网页游戏，WebAssembly 能让 HTML5 游戏引擎速度大幅提高，国内一家公司使用 WebAssembly 后引擎效率提高了 300%。

WebAssembly 作为一种新兴的技术，为开发者提供了一种崭新的思路和工作方式，未来是很有可能大放光彩的，不过目前其相关的资料和社区还不够丰富，尽管已经有一些社区开始出现了相关技术文章，CSDN 上也有较多的文章，但像本书这样全面系统地介绍 WebAssembly 技术的还不多，甚至没有。本书的两位作者都是有 10 多年经验的一线开发者，他们从 WebAssembly 概念诞生之初就开始密切关注该技术的发展，其中柴树杉是 Emscripten（WebAssembly 的技术前身之一）的首批实践者，丁尔男是国内首批工程化使用 WebAssembly 的开发者。

2018 年 7 月，WebAssembly 社区工作组发布了 WebAssembly 1.0 标准。现在，我在第一时间就向国内开发者介绍和推荐本书，是希望开发者能迅速地了解和学习新技术，探索新技术的价值。

蒋涛

CSDN 创始人、总裁，极客帮创始合伙人

本书结构

第 0 章回顾了 WebAssembly 的诞生背景。

第 1 章针对不熟悉 JavaScript 的读者,介绍本书将使用到的部分 JavaScript 基础知识,包括 console 对象、箭头函数、Promise、ArrayBuffer 等。对 JavaScript 很熟悉的读者可以跳过本章。

第 2 章通过两个简单的小例子展示 WebAssembly 的基本用法。

第 3 章和第 4 章分别从外部和内部两个角度详细介绍 WebAssembly,前者着重于相关的 JavaScript 对象,后者着重于 WebAssembly 虚拟机的内部运行机制。因为 WebAssembly 跨越了两种语言、两套运行时结构,所以读者阅读第 3 章时可能会感到不明就里——为什么多数指令中没有操作数?所谓的"栈式虚拟机"到底是什么?类似的疑问都将在第 4 章中得到解答。在写作本书时,我们期望读者读完第 4 章后复读第 3 章时,能有豁然开朗的感觉。

第 5 章介绍 WebAssembly 汇编的二进制格式。若想尝试自己实现 WebAssembly 虚拟机或者其他语言到 WebAssembly 的编译器,掌握二进制汇编格式是必需的。即使不开展类似的项目,通过阅读本章也可以加深对 WebAssembly 虚拟机架构的整体认识,厘清各种全局索引的相互关系。

第 6 章和第 7 章分别以 C/C++和 Go 语言为例,介绍如何使用高级语言来开发 WebAssembly 应用。WebAssembly 全手工编写.wat 文件实现大型模块的机会并不会很多。在实际工程中,WebAssembly 作为一门类汇编语言,更多的是作为其他语言的编译目标而存在。目前 C/C++、Rust、Go、Lua、Kotlin、C#均已支持 WebAssembly,可以预见这一支持列表将越来越长。

附录列出了现有的 200 多条 WebAssembly 指令及其作用。

致谢

感谢蒋涛先生为本书作序，感谢所有为 WebAssembly 标准诞生作出努力的朋友。其中特别感谢 Emscripten 和 asm.js 的作者，没有他们的灵感，WebAssembly 标准就不可能诞生。感谢 WebAssembly 工作组的专家，是他们的工作让我们看到了草案 1.0 的成果。感谢各大浏览器厂商为 WebAssembly 提供的支持。最后，感谢人民邮电出版社的杨海玲编辑，没有她，本书就不可能出版。谢谢大家！

资源与支持

本书由异步社区出品，社区（https://www.epubit.com/）为您提供相关资源和后续服务。

配套资源

本书提供书中的源代码，要获得以上配套资源，请在异步社区本书页面中点击 配套资源 ，跳转到下载界面，按提示进行操作即可。注意：为保证购书读者的权益，该操作会给出相关提示，要求输入提取码进行验证。

提交勘误

作者和编辑尽最大努力来确保书中内容的准确性，但难免会存在疏漏。欢迎您将发现的问题反馈给我们，帮助我们提升图书的质量。

当您发现错误时，请登录异步社区，按书名搜索，进入本书页面，点击"提交勘误"，输入勘误信息，点击"提交"按钮即可。本书的作者和编辑会对您提交的勘误进行审核，确认并接受后，您将获赠异步社区的 100 积分。积分可用于在异步社区兑换优惠券、样书或奖品。

扫码关注本书

扫描下方二维码，您将会在异步社区微信服务号中看到本书信息及相关的服务提示。

与我们联系

我们的联系邮箱是 contact@epubit.com.cn。

如果您对本书有任何疑问或建议，请您发邮件给我们，并请在邮件标题中注明本书书名，以便我们更高效地做出反馈。

如果您有兴趣出版图书、录制教学视频，或者参与图书翻译、技术审校等工作，可以发邮件给我们；有意出版图书的作者也可以到异步社区在线提交投稿（直接访问 www.epubit.com/selfpublish/submission 即可）。

如果您是学校、培训机构或企业，想批量购买本书或异步社区出版的其他图书，也可以发邮件给我们。

如果您在网上发现有针对异步社区出品图书的各种形式的盗版行为，包括对图书全部或部分内容的非授权传播，请您将怀疑有侵权行为的链接发邮件给我们。您的这一举动是对作者权益的保护，也是我们持续为您提供有价值的内容的动力之源。

关于异步社区和异步图书

"异步社区"是人民邮电出版社旗下 IT 专业图书社区，致力于出版精品 IT 技术图书和相关学习产品，为作译者提供优质出版服务。异步社区创办于 2015 年 8 月，提供大量精品 IT 技术图书和电子书，以及高品质技术文章和视频课程。更多详情请访问异步社区官网 https://www.epubit.com。

"异步图书"是由异步社区编辑团队策划出版的精品 IT 专业图书的品牌，依托于人民邮电出版社近 30 年的计算机图书出版积累和专业编辑团队，相关图书在封面上印有异步图书的 LOGO。异步图书的出版领域包括软件开发、大数据、AI、测试、前端、网络技术等。

异步社区　　　　　　　　　　　微信服务号

目　录

第 0 章

WebAssembly 诞生背景

一切可编译为 WebAssembly 的，终将被编译为 WebAssembly。

——Ending

WebAssembly 是一种新兴的网页虚拟机标准，它的设计目标包括：高可移植性、高安全性、高效率（包括载入效率和运行效率）、尽可能小的程序体积。

0.1　JavaScript 简史

只有了解了过去才能理解现在，只有理解了现在才可能掌握未来的发展趋势。JavaScript 语言因为互联网而生，紧随着浏览器的出现而问世。JavaScript 语言是 Brendan Eich 为网景（Netscape）公司的浏览器设计的脚本语言，据说前后只花了 10 天的时间就设计成型。为了借当时的明星语言 Java 的东风，这门新语言被命名为 JavaScript。其实 Java 语言和 JavaScript 语言就像是雷锋和雷峰塔一样没有什么关系。

JavaScript 语言从诞生开始就是严肃程序员鄙视的对象：语言设计垃圾、运行比蜗牛还慢、它只是给不懂编程的人用的玩具等。当然出现这些观点也有一定的客观因素：JavaScript 运行确实够慢，语言也没有经过严谨的设计，甚至没有很多高级语言标配的块作用域特性。

但是到了 2005 年，Ajax（Asynchronous JavaScript and XML）方法横空出世，JavaScript 终于开始火爆。据说是 Jesse James Garrett 发明了这个词汇。谷歌当时发布的 Google Maps

项目大量采用该方法标志着 Ajax 开始流行。Ajax 几乎成了新一代网站的标准做法，并且促成了 Web 2.0 时代的来临。作为 Ajax 核心部分的 JavaScript 语言突然变得异常重要。

然后是 2008 年，谷歌公司为 Chrome 浏览器而开发的 V8 即时编译器引擎的诞生彻底改变了 JavaScript 低能儿的形象。V8 引擎下的 JavaScript 语言突然成了地球上最快的脚本语言！在很多场景下的性能已经和 C/C++程序在一个数量级（作为参考，JavaScript 比 Python 要快 10～100 倍或更多）。

JavaScript 终于手握 Ajax 和 V8 两大神器，此后真的是飞速发展。2009 年，Ryan Dahl 创建 Node.js 项目，JavaScript 开始进军服务器领域。2013 年，Facebook 公司发布 React 项目，2015 年发布 React Native 项目。目前 JavaScript 语言已经开始颠覆 iOS 和 Android 等手机应用的开发。

回顾整个互联网技术的发展历程，可以发现在 Web 发展历程中出现过各种各样的技术，例如，号称跨平台的 Java Applet、仅支持 IE 浏览器的 ActiveX 控件、曾经差点称霸浏览器的 Flash 等。但是，在所有的脚本语言中只有 JavaScript 语言顽强地活了下来，而且有席卷整个软件领域的趋势。

JavaScript 语言被历史选中并不完全是偶然的，偶然之中也有着必然的因素。它的优点同样不可替代。

- 简单易用，不用专门学习就可以使用。
- 运行系统极其稳定，想写出一个让 JavaScript 崩溃的程序真是一个挑战。
- 紧抱 HTML 标准，站在 Ajax、WebSocket、WebGL、WebWorker、SIMD.js 等前沿技术的肩膀之上。

因为 Web 是一个开放的生态，所以如果一个技术太严谨注定就不会流行，XHTML 就是一个活生生的反面教材。超强容错是所有 Web 技术流行的一个必备条件。JavaScript 刚好足够简单和稳定、有着超强的容错能力、语言本身也有着极强的表达力。同时，Ajax、WebSocket、WebGL、WebWorker 等标准的诞生也为 JavaScript 提供了更广阔的应用领域。

0.2 asm.js 的尝试

JavaScript 是弱类型语言，由于其变量类型不固定，使用变量前需要先判断其类型，这样无疑增加了运算的复杂度，降低了执行效能。谋智公司的工程师创建了 Emscripten 项目，尝试通过 LLVM 工具链将 C/C++语言编写的程序转译为 JavaScript 代码，在此过程中创建了 JavaScript 子集 asm.js，asm.js 仅包含可以预判变量类型的数值运算，有效地避免了 JavaScript 弱类型变量语法带来的执行效能低下的问题。根据测试，针对 asm.js

优化的引擎执行速度和 C/C++原生应用在一个数量级。

图 0-1 给出了 ams.js 优化的处理流程，其中上一条分支是经过高度优化的执行分支。

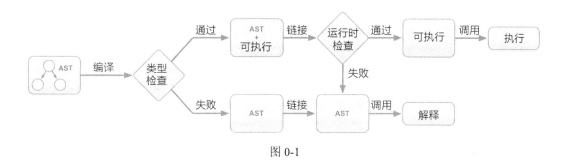

图 0-1

因为增加了类型信息，所以 asm.js 代码采用定制优化的 AOT（Ahead Of Time）编译器，生成机器指令执行。如果中途发现语法错误或违反类型标记的情况出现，则回退到传统的 JavaScript 引擎解析执行。

asm.js 中只有有符号整数、无符号整数和浮点数这几种类型。图 0-2 展示了 asm.js 中几种数值类型之间的关系。

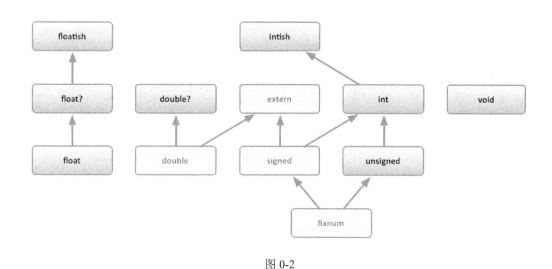

图 0-2

而字符串等其他类型则必须在 TypedArray 中提供，同时通过类似指针的技术访问 TypedArray 中的字符串数据。

asm.js 的高明之处就是通过 JavaScript 已有的语法和语义为变量增加了类型信息：

```
var x = 9527;

var i = a | 0;    // int32
var u = a >>> 0;  // uint32
var f = +a;       // float64
```

以上代码中 a|0 表示一个整数，而 a >>> 0 表示一个无符号整数，+a 表示一个浮点数。即使不支持 asm.js 的引擎也可以产生正确的结果。

然后通过 ArrayBuffer 来模拟真正的内存：

```
var buffer = new ArrayBuffer(1024*1024*8);
var HEAP8 = new Int8Array(buffer);
```

基于 HEAP8 模拟的内存，就可以采用类似 C 语言风格计算的字符串长度。而 C 语言的工作模型和冯·诺伊曼计算机体系结构是高度适配的，这也是 C 语言应用具有较高性能的原因。下面是 asm.js 实现的 strlen 函数：

```
function strlen(s) {
    var p = s|0;
    while(HEAP8[p]|0 != 0) {
        p = (p+1)|0
    }
    return (p-s)|0;
}
```

所有的 asm.js 代码将被组织到一个模块中：

```
function MyasmModule(stdlib, foreign, heap) {
    "use asm";

    var HEAP8 = new Int8Array(heap);

function strlen(s) {
        // ...
    }

    return {
strlen: strlen,
    };
}
```

asm.js 模块通过 stdlib 提供了基本的标准库，通过 foreign 可以传入外部定义的函数，通过 heap 为模块配置堆内存。最后，模块可以将 asm.js 实现的函数或变量导出。模块开头通过"use asm"标注内部是 asm.js 规格的实现，即使是旧的引擎也可以正确运行。

asm.js 优越的性能让浏览器能够运行很多 C/C++开发的 3D 游戏。同时，Lua、SQLite 等 C/C++开发的软件被大量编译为纯 JavaScript 代码，极大地丰富了 JavaScript 社区的生态。asm.js 诸多技术细节我们就不详细展开了，感兴趣的读者可以参考它的规范文档。

0.3 WebAssembly 的救赎

在整个 Web 技术变革的过程之中，不断有技术人员尝试在浏览器中直接运行 C/C++ 程序。自 1995 年起包括 Netscape Plugin API（NPAPI）在内的许多知名项目相继开发。微软公司的 IE 浏览器甚至可以直接嵌入运行本地代码的 ActiveX 控件。同样，谷歌公司在 2010 年也开发了一项 Native Clients 技术（简称 NaCL）。然而这些技术都太过复杂、容错性也不够强大，它们最终都未能成为行业标准。

除尝试直接运行本地代码这条路之外，也有技术人员开始另辟蹊径，将其他语言直接转译为 JavaScript 后运行，2006 年，谷歌公司推出 Google Web Toolkit（GWT）项目，提供将 Java 转译成 JavaScript 的功能，开创了将其他语言转为 JavaScript 的先河。之后的 CoffeeScript、Dart、TypeScript 等语言都是以输出 JavaScript 程序为最终目标。

在众多为 JavaScript 提速的技术中，Emscripten 是与众不同的一个。它利用 LLVM 编译器前端编译 C/C++代码，生成 LLVM 特有的跨平台中间语言代码，最终再将 LLVM 跨平台中间语言代码转译为 JavaScript 的 asm.js 子集。这带来的直接结果就是，C/C++程序经过编译后不仅可在旧的 JavaScript 引擎上正确运行，同时也可以被优化为机器码之后高速运行。

2015 年 6 月谋智公司在 asm.js 的基础上发布了 WebAssembly 项目，随后谷歌、微软、苹果等各大主流的浏览器厂商均大力支持。WebAssembly 不仅拥有比 asm.js 更高的执行效能，而且由于使用了二进制编码等一系列技术，WebAssembly 编写的模块体积更小且解析速度更快。目前不仅 C/C++语言编写的程序可以编译为 WebAssembly 模块，而且 Go、Kotlin、Rust 等新兴的编程语言都开始对 WebAssembly 提供支持。2018 年 7 月，WebAssembly 1.0 标准正式发布，这必将开辟 Web 开发的新纪元！

第 1 章

JavaScript 语言基础

当歌曲和传说都已经缄默的时候，只有代码还在说话。

——柴树杉

本章将介绍 console 模块、函数和闭包、Promise 的用法和二进制数组对象 TypedArray 的简要用法。

1.1　console 对象

console 对象是重要的 JavaScript 对象，通过该对象可以实现输出打印功能。而打印输出函数正是学习每种编程语言第一个要掌握的技术。console 也是我们的基本调试手段。其中 console.log 是最常用的打印方法，可以打印任意对象。

下面的代码向控制台输出"你好，WebAssembly!"：

```
console.log('你好, WebAssembly!')
```

console 是一个无须导入的内置对象，在 Node.js 和浏览器环境均可使用。console 对象的方法主要分为简单的日志输出、assert 断言、输出对象属性、调试输出以及简单的时间测量等。

需要说明的是，在不同的浏览器环境中，console 对象可能扩展了很多特有的方法。表 1-1 给出的是 Node.js 和主流的浏览器提供的方法，其中 log、info、warn 和 error

分别用于输出日志信息、一般信息、警告信息和错误信息。

表 1-1

方 法 名	概 念 描 述
console.log([data][, ...args])	日志信息，以标准格式输出所有参数，并在末尾输出换行
console.info([data][, ...args])	一般信息，以标准格式输出所有参数，并在末尾输出换行
console.warn([data][, ...args])	警告信息，以警告格式输出所有参数，并在末尾输出换行
console.error([data][, ...args])	错误信息，以错误格式输出所有参数，并在末尾输出换行
console.assert (value[, message][, ...args])	断言，如果参数 expr 为假，则抛出 AssertionError
console.dir(obj[, options])	检查对象，输出对象所有属性
console.time(label)	开始测量时间
console.timeEnd(label)	结束测量时间，根据相同 label 的计时器统计所经过时间，用 log 输出结果

下面是 console.log 的常见用法：

```
console.log(123)
console.log(123, 'abc')
console.log(123, 'abc', [4,5,6])
```

console.log 等方法还支持类似 C 语言中 printf 函数的格式化输出，它可以支持下面这些格式。

- %s：输出字符串。
- %d：输出数值类型，整数或浮点数。
- %i：输出整数。
- %f：输出浮点数。
- %j：输出 JSON 格式。
- %%：输出百分号（'%'）。

下面是用格式化的方式输出整型数：

```
const code = 502;
console.error('error #%d', code);
```

断言对于编写健壮的程序会有很大的帮助。下面的开方函数通过前置断言确保输入的参数是正整数：

```
function sqrt(x) {
    console.assert(x >= 0)
    return Math.sqrt(x)
}
```

前置断言一般用于确保是合法的输入，后置断言则用于保证合法的输入产生了合法的输出。例如，在连接两个字符串之后，我们可以通过后置断言使连接后的字符串长度大于或等于之前的任何一个字符串的长度：

```
function joinString(a, b) {
    let s = a + b
    console.assert(s.length >= a.length)
    console.assert(s.length >= b.length)
    return s
}
```

不应该在断言中放置具有功能性逻辑的代码，下面使用断言的方式在实际应用中应该尽量避免：

```
let i = 90
console.assert(i++ < 100)
console.log('i:', i)
```

因为最终输出的结果依赖于断言语句中 `i++` 的正常运行，所以如果最终运行的环境不支持断言操作，那么程序将产生不同的结果。

1.2　函数和闭包

在高级编程语言中，函数是一个比较核心的概念。简单来说，函数就是一组语句的集合。通过将语句打包为一个函数，就可以重复使用相同的语句集合。同时，为了适应不同的场景，函数还支持输入一些动态的参数。从用户角度来说，函数是一个黑盒子，根据当前的上下文环境状态和输入参数产生输出。

我们简单看看 JavaScript 中如何用函数包装 1 到 100 的加法运算：

```
function sum100() {
    var result = 0;
```

```
for(var i = 1; i <= 100; i++) {
    result += i;
}
return result;
}
```

function 关键字表示定义一个函数。然后函数体内通过 for 循环来实现 1 到 100 的加法运算。sum100 通过函数的方式实现了对 1 到 100 加法语句的重复利用，但是 sum100 的函数无法计算 1 到 200 的加法运算。

为了增加 sum 函数的灵活性，我们可以将要计算等差和的上界通过参数传入：

```
function sum(n) {
    var result = 0;
    for(var i = 1; i <= n; i++) {
        result += i;
    }
    return result;
}
```

现在我们就可以通过 sum(100) 来计算 1 到 100 的加法运算，也可以通过 sum(200) 来计算 1 到 200 的加法运算。

和 C/C++ 等编译语言不同，JavaScript 的函数是第一对象，可以作为表达式使用。因此可以换一种方式实现 sum 函数：

```
var sum = function(n) {
    var result = 0;
    for(var i = 1; i <= n; i++) {
        result += i;
    }
    return result;
}
```

上面的代码中 sum 更像一个变量，不过这个变量中保存的是一个函数。保存了函数的 sum 变量可以当作一个函数使用。

我们还可以使用箭头函数来简化函数表达式的书写：

```
var sum = (n) => {
    var result = 0;
    for(var i = 1; i <= n; i++) {
        result += i;
```

```
    }
    return result;
}
```

其中箭头=>前面的(n)对应函数参数，箭头后面的{}内容表示函数体。如果函数参数只有一个，那么可以省略小括号。类似地，如果函数体内只有一个语句也可以省略花括号。

因为箭头函数写起来比较简洁，所以经常被用于参数为函数的场景。不过需要注意的是，箭头函数中 this 是被绑定到创建函数时的 this 对象，而不是绑定到运行时上下文的 this 对象。

既然函数是一个表达式，那么必然会遇到在函数内又定义函数的情形：

```
function make_sum_fn(n) {
    return () => {
        var result = 0;
        for(var i = 1; i <= n; i++) {
            result += i;
        }
        return result;
    }
}
```

在 make_sum_fn 函数中，通过函数表达式创建了一个函数对象，最后返回了函数对象。另一个重要的变化是，内部函数没有通过参数来引用外部的 n 变量，而是直接跨越了内部函数引用了外部的 n 变量。

如果一个函数变量直接引用了函数外部的变量，那么外部的变量将被该函数捕获，而当前的函数也就成了闭包函数。在早期的 JavaScript 语言中，变量并没有块级作用域，因此经常通过闭包函数来控制变量的作用域。

通过返回的闭包函数，我们就可以为 1 到 100 和 1 到 200 分别构造求和函数对象：

```
var sum100 = make_sum_fn(100);
var sum200 = make_sum_fn(200);

sum100();
sum200();
```

每次 make_sum_fn 函数调用返回的闭包函数都是不同的，因为闭包函数每次捕获的 n 变量都是不同的。

1.3 Promise 对象

JavaScript 是一个单线程的编程语言，通过异步、回调函数来处理各种事件。因此，如果要处理多个有先后顺序的事件，那么将会出现多次嵌套回调函数的情况，这也被很多开发人员称为回调地狱。

而 Promise 对象则是通过将代表异步操作最终完成或者失败的操作封装到了对象中。Promise 本质上是一个绑定了回调的对象，不过这样可以适当缓解多层回调函数的问题。

通过构造函数可以生成 Promise 实例。下面代码创造了一个 Promise 实例：

```
function fetchImage(path) {
    return new Promise((resolve, reject) => {
        const m = new Image()
        m.onload = () => { resolve(image) }
        m.onerror = () => { reject(new Error(path)) }
        m.src = path
    })
}
```

fetchImage 返回的是一个 Promise 对象。Promise 构造函数的参数是一个函数，函数有 resolve 和 reject 两个参数，分别表示操作执行的结果是成功还是失败。内部加载一个图像，当成功时调用 resolve 函数，失败时调用 reject 函数报告错误。

返回 Promise 对象的 then 方法可以分别指定 resolved 和 rejected 回调函数。下面的 makeFetchImage 是基于 fetchImage 包装的函数：

```
const makeFetchImage = () => {
fetchImage("/static/logo.png").then(() => {
        console.log('done')
    })
}


makeFetchImage()
```

在 makeFetchImage 包装函数中，Promise 对象的 then 方法只提供了 resolved 回调函数。因此当成功获取图像后将输出 done 字符串。

Promise 对象虽然从一定程度上缓解了回调函数地狱的问题，但是 Promise 的构造函数、返回对象的 then 方法等地方依然要处理回调函数。因此，ES2017 标准又引入了 async 和 await 关键字来简化 Promise 对象的处理。

await 关键字只能在 async 定义的函数内使用。async 函数会隐式地返回一个 Promise 对象，Promise 对象的 resolve 值就是函数 return 的值。下面是用 async 和 await 关键字重新包装的 makeFetchImage 函数：

```
const makeFetchImage = async () => {
    await fetchImage("/static/logo.png")
    console.log('done')
}


makeFetchImage()
```

在新的代码中，await 关键字将异步等待 fetchImage 函数的完成。如果图像下载成功，那么后面的打印语句将继续执行。

基于 async 和 await 关键字，可以以顺序的思维方式来编写有顺序依赖关系的异步程序：

```
asyncfunction delay(ms) {
    return new Promise((resole) => {
setTimeout(resole, ms)
    })
}


asyncfunction main(...args) {
    for(const arg of args) {
        console.log(arg)
        await delay(300)
    }
}


main('A', 'B', 'C')
```

上述程序中，main 函数依次输出参数中的每个字符串，在输出字符串之后休眠一定时间再输出下一个字符串。而用于休眠的 delay 函数返回的是 Promise 对象，main 函数通过 await 关键字来异步等待 delay 函数的完成。

1.4　二进制数组

二进制数组（ArrayBuffer 对象、TypedArray 视图）是 JavaScript 操作二进制

数据的接口。这些对象很早就存在，但是一直不是 JavaScript 语言标准的一部分。在 ES2015 中，二进制数组已经被纳入语言规范。基于二进制数组，JavaScript 也可以直接操作计算机内存，因为该抽象模型和实际的计算机硬件结构非常地相似，理论上可以优化到近似本地程序的性能。

二进制数组由 3 类对象组成。

（1）ArrayBuffer：代表内存中一段空间，要操作该内存空间必须通过基于其创建的 TypedArray 或 DataView 进行。

（2）TypedArray：Uint8Array、Float32Array 等 9 种二进制类型数组的统称，TypedArray 的底层是 ArrayBuffer 对象，通过它们可以读写底层的二进制数组。

（3）DataView：用于处理类似 C 语言中结构体类型的数据，其中每个元素的类型可能并不相同。

例如，下面的代码先创建一个 1024 字节的 ArrayBuffer，然后再分别以 uint8 和 uint32 类型处理数组的元素：

```
let buffer = new ArrayBuffer(1024)

// 转为uint8 处理
let u8Array = new Uint8Array(buffer, 0, 100)
for(int i = 0 ; i < u8Array.length; i++) {
    u8Array[i] = 255
}

// 转为uint32 处理
let u32Array = new Uint32Array(buffer, 100)
for(int i = 0 ; i < u32Array.length; i++) {
    u32Array[i] = 0xffffffff
}
```

TypedArray 对象的 buffer 属性返回底层的 ArrayBuffer 对象，为只读属性。上述代码中，因为 u8Array 和 u32Array 都是从同一个 ArrayBuffer 对象构造，所以下面的断言是成立的：

```
console.assert(u8Array.buffer == buffer)
console.assert(u32Array.buffer == buffer)
```

TypedArray 对象的 byteOffset 属性返回当前二进制数组对象从底层的 ArrayBuffer 对象的第几个字节开始，byteLength 返回当前二进制数组对象的内存的字节大小，它们都是只读属性。

```
console.assert(u8Array.byteOffset == 0)
console.assert(u8Array.byteLength == 100)

console.assert(u32Array.byteOffset == 100)
console.assert(u32Array.byteLength == buffer.byteLength-100)
```

TypedArray 视图对应的二进制数组的每个元素的类型和大小都是一样的。但是视图可能无法直接对应复杂的结构类型，因为结构体中每个成员的内存大小可能是不同的。

我们可以为结构体的每个成员创建一个独立的 TypedArray 视图实现操作结构体成员的目的，不过这种方式不便于处理比较复杂的结构体。除了通过复合视图来操作结构体类的数据，还可以通过 DataView 视图实现同样的功能。

二进制数组用于处理图像或矩阵数据时有着较高的性能。在浏览器中，每个 canvas 对象底层也是对应的二进制数组。通过 canvas 底层的二进制数组，我们可以方便地将一个彩色图像变换为灰度图像：

```html
<!DOCTYPE html>

<title>rgba => gray</title>

<body onload="body_onload()">
<canvas id="myCanvas" width="400" height="300">show image</canvas>

<script>
function body_onload() {
    var canvas = document.getElementById('myCanvas')
    var ctx = canvas.getContext('2d')
    var imgd = ctx.getImageData(0, 0, canvas.width, canvas.height)

    var m = new Image()
    m.src = './lena.png'
    m.onload = function() {
        ctx.drawImage(m, 0, 0, canvas.width, canvas.height)
        rgba2gray(imgd.data, canvas.width, canvas.height)
    }
}

function rgba2gray(pix, width, height) {
    console.assert(pix instanceofUint8Array || pix instanceofUint8ClampedArray)
    console.assert(width > 0)
    console.assert(height > 0)
```

```
        console.assert(pix.length >= width*height*4)

        for(var y = 0; y < height; y++) {
            for(var x = 0; x < width; x++) {
                var off = (y*width+x)*4

                var R = pix[off+0]
                var G = pix[off+1]
                var B = pix[off+2]
                var gray = (R+G+B)/3

                pix[off+0] = gray
                pix[off+1] = gray
                pix[off+2] = gray
            }
        }
    }
</script>
</body>
```

二进制数组是 JavaScript 在处理运算密集型应用时经常用到的特性。同时二进制数组也是网络数据交换和跨语言数据交换最有效的手段。WebAssembly 模块中的内存也是一种二进制数组。

第 2 章

WebAssembly 快速入门

WebAssembly，一次编写到处运行。

——yjhmelody

本章将快速展示几个小例子，借此对 WebAssembly 形成一个大致的印象，掌握一些基本的用法。在后续的章节将会系统、深入地学习各个技术细节。

2.1 准备工作

"工欲善其事，必先利其器。"在正式开始之前，需要先准备好兼容 WebAssembly 的运行环境以及 WebAssembly 文本格式转换工具集。

2.1.1 WebAssembly 兼容性

常见桌面版浏览器及 Node.js 对 WebAssembly 特性的支持情况如表 2-1 所示，表内的数字表示浏览器版本。

表 2-1

WebAssembly 特性	Chrome	Edge	Firefox	IE	Opera	Safari	Node.js
基本支持	57	16	52	不支持	44	11	8.0.0
CompileError	57	16	52	不支持	44	11	8.0.0
Global	不支持	不支持	62	不支持	不支持	不支持	不支持
Instance	57	16	52	不支持	44	11	8.0.0
LinkError	57	16	52	不支持	44	11	8.0.0
Memory	57	16	52	不支持	44	11	8.0.0
Module	57	16	52	不支持	44	11	8.0.0
RuntimeError	57	16	52	不支持	44	11	8.0.0
Table	57	16	52	不支持	44	11	8.0.0
compile	57	16	52	不支持	44	11	8.0.0
compileStreaming	61	16	58	不支持	47	不支持	不支持
instantiate	57	16	52	不支持	44	11	8.0.0
instantiateStreaming	61	16	58	不支持	47	不支持	不支持
validate	57	16	52	不支持	44	11	8.0.0

常见移动版（Android 及 iOS）浏览器对 WebAssembly 特性的支持情况如表 2-2 所示，表内的数字表示浏览器版本。

表 2-2

WebAssembly 特性	Webview	Chrome	Edge	Firefox	Opera	Safari	Samsung Internet
基本支持	57	57	支持	52	未知	11	7.0
CompileError	57	57	支持	52	未知	11	7.0
Global	不支持	不支持	不支持	62	未知	不支持	不支持
Instance	57	57	支持	52	未知	11	7.0
LinkError	57	57	支持	52	未知	11	7.0
Memory	57	57	支持	52	未知	11	7.0
Module	57	57	支持	52	未知	11	7.0
RuntimeError	57	57	支持	52	未知	11	7.0
Table	57	57	支持	52	未知	11	7.0
compile	57	57	支持	52	未知	11	7.0

续表

WebAssembly 特性	Webview	Chrome	Edge	Firefox	Opera	Safari	Samsung Internet
compileStreaming	61	61	不支持	58	未知	不支持	不支持
instantiate	57	57	支持	52	未知	11	7.0
instantiateStreaming	61	61	不支持	58	未知	不支持	不支持
validate	57	57	支持	52	未知	11	7.0

可见大多数现代浏览器都已支持 WebAssembly，可以在列表中任选一种支持 WebAssembly 的浏览器来运行测试本书的例程。

当浏览器启用 WebAssembly 模块时，会强行启用同源及沙盒等安全策略。因此本书的 WebAssembly 例程需通过 http 网页发布后方可运行。本书的例程目录中有一个名为 "py_simple_server.bat" 的批处理文件，该文件用于在 Windows 操作系统下使用 python 将当前目录发布为 http 服务；当然也可以使用 Nginx、IIS、Apache 或任意一种惯用的工具来完成该操作。

2.1.2　WebAssembly 文本格式与 wabt 工具集

一般来说，浏览器加载并运行的 WebAssembly 程序是二进制格式的 WebAssembly 汇编代码，文件扩展名通常为.wasm。由于二进制文件难以阅读编辑，WebAssembly 提供了一种基于 S-表达式的文本格式，文件扩展名通常为.wat。下面是一个 WebAssembly 文本格式的例子：

```
(module
    (import "console" "log" (func $log (param i32)))
    (func $add (param i32 i32)
        get_local 0
        get_local 1
        i32.add
        call $log
    )
    (export "add" (func $add))
)
```

上述程序定义了一个名为$add 的函数，该函数将两个 i32 类型的输入参数相加，并使用由外部 JavaScript 导入的 log 函数将结果输出。最后该 add 函数被导出，以供外部 JavaScript 环境调用。

WebAssembly 文本格式（.wat）与 WebAssembly 汇编格式（.wasm）的关系类似于宏汇编代码与机器码的关系。如同.asm 文件向机器码转换需要使用 nasm 这样的编译工具一样，.wat 文件向.wasm 文件的转换需要用到 wabt 工具集，该工具集提供了.wat 与.wasm 相互转换的编译器等功能。

wabt 工具集可从 GitHub 上下载获取。按照页面说明下载编译后将获得 wat2wasm 程序。在命令行下执行

```
wat2wasm input.wat -o output.wasm
```

即可将 WebAssembly 文本格式文件 input.wat 编译为 WebAssembly 汇编格式文件 output.wasm。

使用-v 选项调用 wat2wasm 可以查看汇编输出，例如将前述的代码保存为 test.wat 并执行：

```
wat2wasm test.wat -v
```

终端输出如图 2-1 所示。

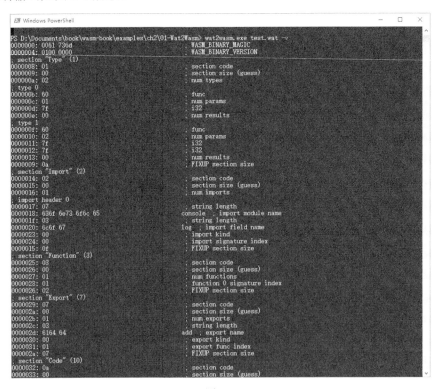

图 2-1

第 5 章介绍 WebAssembly 二进制格式时给出的示例代码中含有二进制的部分，除此之外其他章节的 WebAssembly 代码均以文本格式（.wat）提供以便于阅读。

2.2 首个例程

很多语言的入门教程都始于"Hello, World!"例程，但是对于 WebAssembly 来说，一个完整的"Hello, World!"程序仍然过于复杂，因此，我们将从一个更简单的例子开始。本节的例程名为 ShowMeTheAnswer，其中 WebAssembly 代码位于 show_me_the_answer.wat 中，如下：

```
(module
    (func (export "showMeTheAnswer") (result i32)
        i32.const 42
    )
)
```

上述代码定义了一个返回值为 42（32 位整型数）的函数，并将该函数以 showMeTheAnswer 为名字导出，供 JavaScript 调用。

JavaScript 代码位于 show_me_the_answer.html 中，如下：

```
<!doctype html>
<html>
    <head>
        <meta charset="utf-8">
        <title>Show me the answer</title>
    </head>
    <body>
        <script>
            fetch('show_me_the_answer.wasm').then(response =>
                response.arrayBuffer()
            ).then(bytes =>
                WebAssembly.instantiate(bytes)
            ).then(result =>
                console.log(result.instance.exports.showMeTheAnswer()) //42
            );
        </script>
```

```
    </body>
</html>
```

上述代码首先使用 fetch() 函数获取 WebAssembly 汇编代码文件，将其转为
ArrayBuffer 后使用 WebAssembly.instantiate() 函数对其进行编译及初始化实
例，最后调用该实例导出的函数 showMeTheAnswer() 并打印结果。

将例程目录发布后，通过浏览器访问 show_me_the_answer.html，浏览器控制台应输
出结果 42，如图 2-2 所示。

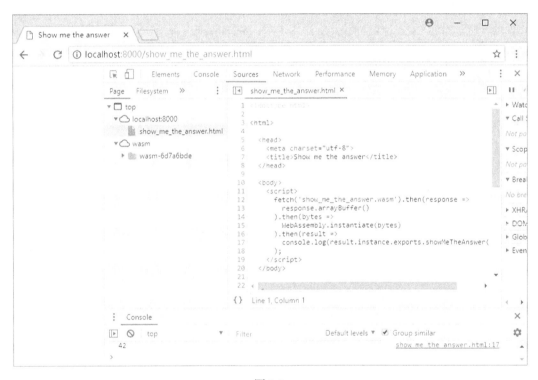

图 2-2

2.3　WebAssembly 概览

JavaScript 代码运行在 JavaScript 虚拟机上，相对地，WebAssembly 代码也运行在其
特有的虚拟机上。参照 2.1 节内容，大部分最新的浏览器均提供了 WebAssembly 虚拟机，
然而 WebAssembly 代码并非只能在浏览器中运行，Node.js 8.0 之后的版本也能运行
WebAssembly；更进一步来说，WebAssembly 虚拟机甚至可以脱离 JavaScript 环境的支持。

不过正如其名，WebAssembly 的设计初衷是运行于网页之中，因此本书绝大部分内容均是围绕网页应用展开。

2.3.1　WebAssembly 中的关键概念

在深入 WebAssembly 内部运行机制之前，我们暂时将其看作一个黑盒，这个黑盒需要通过一些手段来与外部环境——调用 WebAssembly 的 JavaScript 网页程序等进行交互，这些手段可以抽象为以下几个关键概念。

1. 模块

模块是已被编译为可执行机器码的二进制对象，模块可以简单地与操作系统中的本地可执行程序进行类比，是无状态的（正如 Windows 的 .exe 文件是无状态的）。模块是由 WebAssembly 二进制汇编代码（.wasm）编译而来的。

2. 内存

在 WebAssembly 代码看来，内存是一段连续的空间，可以使用 `load`、`store` 等低级指令按照地址读写其中的数据（时刻记住 WebAssembly 汇编语言是一种低级语言），在网页环境下，WebAssembly 内存是由 JavaScript 中的 `ArrayBuffer` 对象实现的，这意味着，整个 WebAssembly 的内存空间对 JavaScript 来说是完全可见的，JavaScript 和 WebAssembly 可以通过内存交换数据。

3. 表格

C/C++等语言强烈依赖于函数指针，WebAssembly 汇编代码作为它们的编译目标，必须提供相应的支持。受限于 WebAssembly 虚拟机结构和安全性的考虑，WebAssembly 引入了表格对象用于存储函数引用，后续章节将对表格对象进行详细介绍。

4. 实例

用可执行程序与进程的关系进行类比，在 WebAssembly 中，实例用于指代一个模块及其运行时的所有状态，包括内存、表格以及导入对象等，配置这些对象并基于模块创建一个可被调用的实例的过程称为实例化。模块只有在实例化之后才能被调用——这与 C++/Java 中类与其实例的关系是类似的。

导入/导出对象是模块实例很重要的组成部分，模块内部的 WebAssembly 代码可以通过导入对象中的导入函数调用外部 JavaScript 环境的方法，导出对象中的导出函数是模块提供给外部 JavaScript 环境使用的接口。

按照目前的规范，一个实例只能拥有一个内存对象以及一个表格对象。内存对象和表格对象都可以通过导入/导出对象被多个实例共有，这意味着多个 WebAssembly 模块可以以.dll 动态链接库的模式协同工作。

2.3.2 WebAssembly 程序生命周期

WebAssembly 程序从开发到运行于网页中大致可以分为以下几个阶段。

（1）使用 WebAssembly 文本格式或其他语言（C++、Go、Rust 等）编写程序，通过各自的工具链编译为 WebAssembly 汇编格式.wasm 文件。

（2）在网页中使用 fetch、XMLHttpRequest 等获取.wasm 文件（二进制流）。

（3）将.wasm 编译为模块，编译过程中进行合法性检查。

（4）实例化。初始化导入对象，创建模块的实例。

（5）执行实例的导出函数，完成所需操作。

流程图如图 2-3 所示。

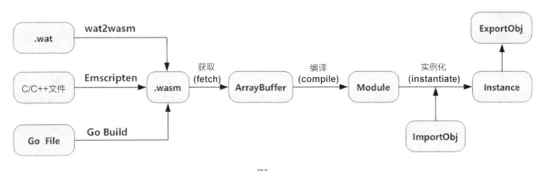

图 2-3

第 2 步到第 5 步为 WebAssembly 程序的运行阶段，该阶段与 JavaScript 环境密切相关，第 3 章将系统地介绍相关知识。

2.3.3 WebAssembly 虚拟机体系结构

WebAssembly 模块在运行时由以下几部分组成，如图 2-4 所示。

（1）一个全局类型数组。与很多语言不同，在 WebAssembly 中"类型"指的并非数据类型，而是函数签名，函数签名定义了函数的参数个数/参数类型/返回值类型；某个函数签名在类型数组中的下标（或者说位置）称为类型索引。

（2）一个全局函数数组，其中容纳了所有的函数，包括导入的函数以及模块内部定义的函数，某个函数在函数数组中的下标称为函数索引。

（3）一个全局变量数组，其中容纳了所有的全局变量——包括导入的全局变量以及模块内部定义的全局变量，某个全局变量在全局变量数组中的下标称为全局变量索引。

（4）一个全局表格对象，表格也是一个数组，其中存储了元素（目前元素类型只能为函数）的引用，某个元素在表格中的下标称为元素索引。

（5）一个全局内存对象。

（6）一个运行时栈。

（7）函数执行时可以访问一个局部变量数组，其中容纳了函数所有的局部变量，某个局部变量在局部变量数组中的下标称为局部变量索引。

图 2-4

在 WebAssembly 中，操作某个具体的对象（如读写某个全局变量/局部变量、调用某个函数等）都是通过其索引完成的。在当前版本中，所有的"索引"都是 32 位整型数。

2.4 你好，WebAssembly

本节将介绍经典的 HelloWorld 例程。开始之前让我们先梳理一下需要完成哪些功能。

（1）函数导入。WebAssembly 虚拟机本身没有提供打印函数，因此需要将 JavaScript 中的字符串输出功能通过函数导入的方法导入 WebAssembly 中供其使用。

（2）初始化内存，并在内存中存储将要打印的字符串。

（3）函数导出，提供外部调用入口。

2.4.1　WebAssembly 部分

在 WebAssembly 部分，首先将来自 JavaScript 的 js.print 对象导入为函数，并命名为 js_print：

```
;;hello.wat
(module
    ;;import js:print as js_print():
    (import "js" "print" (func $js_print (param i32 i32)))
```

该函数有两个参数，类型均为 32 位整型数，第一个参数为将要打印的字符串在内存中的开始地址，第二个参数为字符串的长度（字节数）。

> **提示**　WebAssembly 文本格式中，双分号 ";;" 表示该行后续为注释，作用类似于 JavaScript 中的双斜杠 "//"。

接下来将来自 JavaScript 的 js.mem 对象导入为内存：

```
(import "js" "mem" (memory 1)) ;;import js:mem as memory
```

memory 后的 1 表示内存的起始长度至少为 1 页（在 WebAssembly 中，1 页=64 KB= 65 536 字节）。

接下来的 data 段将字符串"你好，WASM"写入了内存，起始地址为 0：

```
(data (i32.const 0) "你好，WASM")
```

最后定义了导出函数 hello()：

```
    (func (export "hello")
        i32.const 0     ;;pass offset 0 to js_print
        i32.const 13    ;;pass length 13 to js_print
        call $js_print
    )
)
```

函数 hello() 先后在栈上压入了字符串的起始地址 0 以及字符串的字节长度 13（每个汉字及全角标点的 UTF-8 编码占 3 字节），然后调用导入的 js_print() 函数打印输出。

2.4.2 JavaScript 部分

在 JavaScript 部分，首先创建内存对象 wasmMem，初始长度为 1 页：

```
//hello.html
    var wasmMem = new WebAssembly.Memory({initial:1});
```

接下来定义用于打印字符串的方法 printStr()：

```
function printStr(offset, length) {
    var bytes = new Uint8Array(wasmMem.buffer, offset, length);
    var string = new TextDecoder('utf8').decode(bytes);
    console.log(string);
}
```

对应于 .wat 部分的定义，该方法的两个参数分别为字符串在内存中的起始地址及字节长度。从内存中获取字节流后，使用 TextDecoder 将其解码为字符串并输出。

然后将上述 Memory 对象 wasmMem、printStr() 方法组合成对象 importObj，导入并实例化：

```
var importObj = { js: { print: printStr, mem: wasmMem } };

fetch('hello.wasm').then(response =>
    response.arrayBuffer()
).then(bytes =>
    WebAssembly.instantiate(bytes, importObj)
).then(result =>
    result.instance.exports.hello()
);
```

最后调用实例的导出函数 hello()，在控制台输出"你好，WASM"，如图 2-5 所示。

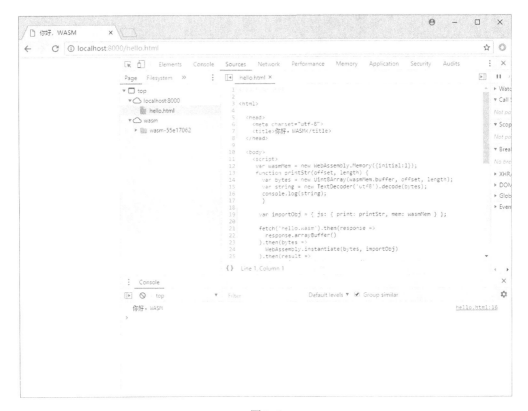

图 2-5

2.5　WebAssembly 调试及代码编辑环境

作为最主要的 WebAssembly 运行平台，浏览器普遍提供了 WebAssembly 的调试环境，当页面上包含 WebAssembly 模块时，可以使用开发面板对其运行进行调试。

图 2-6 是在 Chrome 中使用 F12 调出开发面板调试程序的截图，我们可以在 WebAssembly 的函数体中下断点，查看局部变量/全局变量的值，查看调用栈和当前函数栈等。

WebAssembly 文本格式（.wat）文件可以使用任何文本编辑器编辑，对于 Windows 用户我们推荐使用 VSCode，并安装 WebAssembly 插件，如图 2-7 所示。

该插件除.wat 文件编辑器语法高亮之外，甚至还支持直接打开.wasm 文件反汇编，图 2-8 是安装插件后打开 2.4 节例子的 hello.wasm 文件的截图。

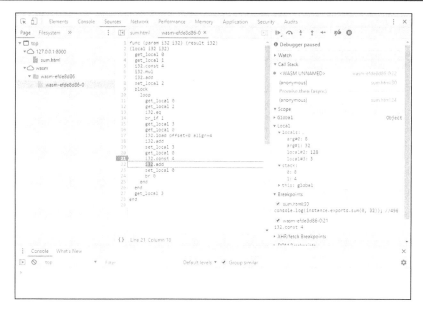

Elements
Console
Sources
Network
Performance
Memory
Application
Security
Audits
Page
Filesystem
sum.html
wasm-efde8d86-0
top
127.0.0.1:8000
sum.html
wasm
wasm-efde8d86
wasm-efde8d86-0
func (param i32 i32) (result i32)
(local i32 i32)
get_local 0
get_local 1
i32.const 4
i32.mul
i32.add
set_local 2
block
loop
get_local 0
get_local 2
i32.eq
br_if 1
get_local 3
get_local 0
i32.load offset=0 align=4
i32.add
set_local 3
get_local 0
i32.const 4
i32.add
set_local 0
br 0
end
end
get_local 3
end
Line 21, Column 18
Debugger paused
Watch
Call Stack
<WASM UNNAMED>
(anonymous)
(anonymous)
Scope
Global
Object
Local
locals:
arg#0: 8
arg#1: 32
local#2: 128
local#3: 3
stack:
0: 8
1: 4
this: global
Breakpoints
sum.html:30
console.log(instance.exports.sum(0, 32)); //496
wasm-efde8d86-0:21
i32.const 4
XHR/fetch Breakpoints
Console
What's New
top
Filter
Default levels
Group similar

图 2-6

WebAssembly
Dmitriy Tsvettsikh
3,243
Repository
License
WebAssembly Toolkit for VSCode
WA
Disable
Uninstall
Details
Contributions
Changelog
vscode-wasm
issues 6 open
license MIT
WebAssembly Toolkit for VSCode
Features
Syntax highlight for WebAssembly textual representation.
Preview WebAssembly Binary files in 2 clicks.
Fast convertation between text and binary view

图 2-7

hello.wasm
(module
(type $t0 (func (param i32 i32)))
(type $t1 (func))
(import "js" "print" (func $js.print (type $t0)))
(import "js" "mem" (memory $js.mem 1))
(func $hello (type $t1)
i32.const 0
i32.const 13
call $js.print)
(export "hello" (func $hello))
(data (i32.const 0) "\e4\bd\a0\e5\a5\bd\ef\bc\8cWASM"))

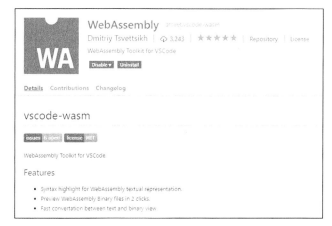

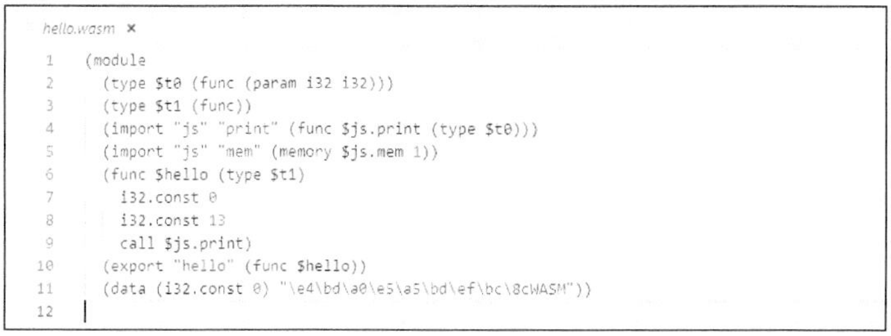

图 2-8

第 3 章

JavaScript 中的 WebAssembly
对象

> WebAssembly 的到来，使自制虚拟机不再遥远。
>
> ——Ending

在浏览器环境中，WebAssembly 程序运行在 WebAssembly 虚拟机之上，页面可以通过一组 JavaScript 对象进行 WebAssembly 模块的编译、载入、配置、调用等操作。本章将介绍这些 JavaScript 对象的使用方法。

3.1　WebAssembly 对象简介

在 2.3 节中，我们介绍了 WebAssembly 中的几个关键概念：模块、内存、表格以及实例。事实上，每个概念在 JavaScript 中都有对象与之一一对应，分别为 WebAssembly.Module 、 WebAssembly.Memory 、 WebAssembly.Table 以及 WebAssembly.Instance。

所有与 WebAssembly 相关的功能，都属于全局对象 WebAssembly。除刚才提到的对象之外，WebAssembly 对象中还包含了一些全局方法，如之前章节中曾出现的用于执行实例化的 WebAssembly.instantiate()。

值得注意的是，与很多全局对象（如 Date）不同，WebAssembly 不是一个构造函数，而是一个命名空间，这与 Math 对象相似——当我们使用 WebAssembly 相关功能时，直接调用 WebAssembly.XXX()，无须（也不能）使用类似于 Date() 的构造函数。

后续各节在具体介绍 WebAssembly 相关对象时使用的例子中，包含了一些 .wasm 汇编模块，本章将暂不深入汇编模块的内部。WebAssembly 汇编语言将在第 4 章中介绍。

3.2 全局方法

本节将介绍全局对象 WebAssembly 的全局方法，这些方法主要用于 WebAssembly 二进制模块的编译及合法性检查。

3.2.1 **WebAssembly.compile()**

该方法用于将 WebAssembly 二进制代码（.wasm）编译为 WebAssembly.Module。语法为：

```
Promise<WebAssembly.Module>WebAssembly.compile(bufferSource);
```

参数

- bufferSource：包含 WebAssembly 二进制代码（.wasm）的 TypedArray 或 ArrayBuffer。

返回值

- Promise 对象，编译好的模块对象，类型为 WebAssembly.Module。

异常

- 如果传入的 bufferSource 不是 TypedArray 或 ArrayBuffer，将抛出 TypeError。
- 如果编译失败，将抛出 WebAssembly.CompileError。

示例

```
fetch('show_me_the_answer.wasm').then(response =>
    response.arrayBuffer()
```

```
).then(bytes =>
    WebAssembly.compile(bytes)
).then(module =>
    console.log(module.toString()) //"object WebAssembly.Module"
);
```

3.2.2 `WebAssembly.instantiate()`

该方法有两种重载形式。第一种用于将 WebAssembly 二进制代码编译为模块，并创建其第一个实例，语法为：

```
Promise<ResultObject>WebAssembly.instantiate(bufferSource, importObject);
```

参数

- `bufferSource`：包含 WebAssembly 二进制代码（.wasm）的 `TypedArray` 或 `ArrayBuffer`。
- `importObject`：可选，将被导入新创建的实例中的对象，它可以包含 JavaScript 方法、`WebAssembly.Memory` 和 `WebAssembly.Table`。

返回值

- `Promise` 对象，该对象包含两个属性。
  - `module`：编译好的模块对象，类型为 `WebAssembly.Module`。
  - `instance`：上述 `module` 的第一个实例，类型为 `WebAssembly.Instance`。

异常

- 如果传入的 `bufferSource` 不是 `TypedArray` 或 `ArrayBuffer`，将抛出 `TypeError`。
- 如果操作失败，根据失败的不同原因，`Promise` 会抛出下面 3 种异常之一：`WebAssembly.CompileError`、`WebAssembly.LinkError` 和 `WebAssembly.RuntimeError`。

2.2.节中我们就曾经使用过这种重载形式：

```
fetch('show_me_the_answer.wasm').then(response =>
    response.arrayBuffer()
).then(bytes =>
    WebAssembly.instantiate(bytes)
```

```
).then(result =>
    console.log(result.instance.exports.showMeTheAnswer()) //42
);
```

WebAssembly.instantiate() 的另一种重载形式用于基于已编译好的模块创建实例，语法为：

```
Promise<WebAssembly.Instance>WebAssembly.instantiate(module, importObject);
```

参数

- module：已编译好的模块对象，类型为 WebAssembly.Module。
- importObject：可选，将被导入新创建的实例中的对象。

返回值

- Promise 对象，新建的实例，类型为 WebAssembly.Instance。

异常

- 如果参数类型或结构不正确，将抛出 TypeError。
- 如果操作失败，根据失败的不同原因，抛出下述 3 种异常之一：WebAssembly.CompileError、WebAssembly.LinkError 和 WebAssembly.RuntimeError。

在需要为一个模块创建多个实例时，使用这种重载形式可以省去多次编译模块的开销。例如：

```
fetch('show_me_the_answer.wasm').then(response =>
    response.arrayBuffer()
).then(bytes =>
    WebAssembly.compile(bytes)
).then(mod => {
        WebAssembly.instantiate(mod).then(result =>
            console.log('Instance0:', result.exports.showMeTheAnswer()));
        WebAssembly.instantiate(mod).then(result =>
            console.log('Instance1:', result.exports.showMeTheAnswer()));
    }
);
```

3.2.3　**WebAssembly.validate()**

该方法用于校验 WebAssembly 二进制代码是否合法，语法为：

```
var valid = WebAssembly.validate(bufferSource);
```

参数

- bufferSource：包含 WebAssembly 二进制代码（.wasm）的 TypedArray 或 ArrayBuffer。

返回值

- 布尔型，合法返回 true，否则返回 false。

异常

- 如果传入的 bufferSource 不是 TypedArray 或 ArrayBuffer，将抛出 TypeError。

3.2.4 **WebAssembly.compileStreaming()**

该方法与 WebAssembly.compile()类似，用于 WebAssembly 二进制代码的编译，区别在于本方法使用流式底层源作为输入：

```
Promise<WebAssembly.Module>WebAssembly.compileStreaming(source);
```

参数 source 通常是 fetch()方法返回的 Response 对象，例如：

```
WebAssembly.compileStreaming(fetch('show_me_the_answer.wasm')).
    then(module => console.log(module.toString()) //"object WebAssembly.Module"
);
```

本方法的返回值和异常与 WebAssembly.compile()相同。

3.2.5 **WebAssembly.instantiateStreaming()**

该方法与 WebAssembly.instantiate()的第一种重载形式类似，用于将 WebAssembly 二进制代码编译为模块，并创建其第一个实例，区别在于本方法使用流式底层源作为输入：

```
Promise<ResultObject>WebAssembly.instantiateStreaming(source, importObject);
```

参数 source 通常是 fetch()方法返回的 Response 对象，例如：

```
WebAssembly.instantiateStreaming(fetch('show_me_the_answer.wasm')).
    then(result =>
    console.log(result.instance.exports.showMeTheAnswer()) //42
);
```

本方法的返回值和异常与 WebAssembly.instantiate() 的第一种重载形式相同。

> 提示 WebAssembly.compileStreaming()/WebAssembly.instantiate-
> Streaming() 与其非流式版的孪生函数相比，虽然书写较为简单，但是对浏览器的
> 要求较高（目前 Safari 全系不支持），因此，若无特殊情况，不建议使用这一对函数。

3.3 WebAssembly.Module 对象

与模块对应的 JavaScript 对象为 WebAssembly.Module，它是无状态的，可以被
多次实例化。

将 WebAssembly 二进制代码（.wasm）编译为模块需要消耗相当大的计算资源，因
此获取模块的主要方法是上一节中讲到的异步方法 WebAssembly.compile() 和
WebAssembly.instantiate()。

3.3.1 WebAssembly.Module()

WebAssembly.Module 的构造器方法用于同步地编译.wasm 为模块：

```
var module = new WebAssembly.Module(bufferSource);
```

参数

- bufferSource：包含 WebAssembly 二进制代码（.wasm）的 TypedArray 或
  ArrayBuffer。

返回值

- 编译好的模块对象。

异常

- 如果传入的 bufferSource 不是 TypedArray 或 ArrayBuffer，将抛出

TypeError。

- 如果编译失败，将抛出 WebAssembly.CompileError。

示例

```
//constructor.html
    fetch('hello.wasm').then(response =>
    response.arrayBuffer()
    ).then(bytes => {
            var module = new WebAssembly.Module(bytes);
            console.log(module.toString()); //"object WebAssembly.Module"
        }
    );
```

3.3.2　**WebAssembly.Module.exports()**

该方法用于获取模块的导出信息，语法为：

```
var exports = WebAssembly.Module.exports(module);
```

参数

- module：WebAssembly.Module 对象。

返回值

- module 的导出对象信息的数组。

异常

- 如果 module 不是 WebAssembly.Module，抛出 TypeError。

示例

```
//exports.html
    fetch('hello.wasm').then(response =>
        response.arrayBuffer()
    ).then(bytes =>
        WebAssembly.compile(bytes)
    ).then(module =>{
            var exports = WebAssembly.Module.exports(module);
```

```
        for (var e in exports) {
            console.log(exports[e]);
        }
    }
);
```

执行后，控制台将输出：

```
{name: "hello", kind: "function"}
```

3.3.3 **WebAssembly.Module.imports()**

该方法用于获取模块的导入信息，语法为：

```
var imports = WebAssembly.Module.imports(module);
```

参数

- module：WebAssembly.Module 对象。

返回值

- module 的导入对象信息的数组。

异常

- 如果 module 不是 WebAssembly.Module，抛出 TypeError。

示例

```
//imports.html
    fetch('hello.wasm').then(response =>
        response.arrayBuffer()
    ).then(bytes =>
        WebAssembly.compile(bytes)
    ).then(module =>{
            var imports = WebAssembly.Module.imports(module);
            for (var i in imports) {
                console.log(imports[i]);
            }
        }
    );
```

执行后，控制台将输出：

```
{module: "js", name: "print", kind: "function"}
{module: "js", name: "mem", kind: "memory"}
```

3.3.4　`WebAssembly.Module.customSections()`

该方法用于获取模块中的自定义段（section）的数据。WebAssembly 代码是由一系列以 S-表达式描述的段嵌套而成，在 WebAssembly 的二进制规范中，允许包含带名字的自定义段。编译器可以利用这一特性，在生成 WebAssembly 二进制格式（.wasm）的过程中插入符号/调试信息等数据以利于运行时调试，遗憾的是目前 WebAssembly 文本格式（.wat）并不支持自定义段。

```
var sections = WebAssembly.Module.customSections(module, secName);
```

参数

- module : WebAssembly.Module 对象。
- secName：欲获取的自定义段的名字。

返回值

- 一个数组，其中包含所有名字与 secName 相同的自定义段，每个段均为一个 ArrayBuffer。

异常

- 如果 module 不是 WebAssembly.Module，抛出 TypeError。

示例

```
//custom_sections.html
    fetch('hello.wasm').then(response =>
        response.arrayBuffer()
    ).then(bytes =>
        WebAssembly.compile(bytes)
    ).then(module =>{
            var sections = WebAssembly.Module.customSections(module, "name");
            for (var i in sections) {
```

```
                console.log(sections[i]);
            }
        }
    );
```

执行后，控制台输出如图 3-1 所示。

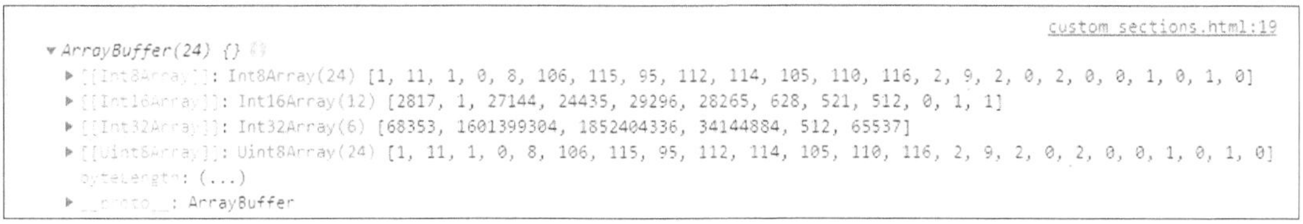

```
                                                            custom sections.html:19
▼ ArrayBuffer(24) {} []
  ▶ [[Int8Array]]: Int8Array(24) [1, 11, 1, 0, 8, 106, 115, 95, 112, 114, 105, 110, 116, 2, 9, 2, 0, 2, 0, 0, 1, 0, 1, 0]
  ▶ [[Int16Array]]: Int16Array(12) [2817, 1, 27144, 24435, 29296, 28265, 628, 521, 512, 0, 1, 1]
  ▶ [[Int32Array]]: Int32Array(6) [68353, 1601399304, 1852404336, 34144884, 512, 65537]
  ▶ [[Uint8Array]]: Uint8Array(24) [1, 11, 1, 0, 8, 106, 115, 95, 112, 114, 105, 110, 116, 2, 9, 2, 0, 2, 0, 0, 1, 0, 1, 0]
    byteLength: (...)
  ▶ __proto__: ArrayBuffer
```

图 3-1

3.3.5　缓存 Module

在部分浏览器（如 Firefox）中，Module 可以像 Blob 一样被装入 IndexedDB 缓存，也可以在多个 Worker 间传递，下面的例子展示了这种用法（Chrome/Safari 不支持）：

```
//worker.html
    var sub_worker = new Worker("worker.js");
    sub_worker.onmessage = function (event) {
        console.log(event.data);
    }

    fetch('show_me_the_answer.wasm').then(response =>
        response.arrayBuffer()
    ).then(bytes =>
        WebAssembly.compile(bytes)
    ).then(module =>
        sub_worker.postMessage(module)
    );


//worker.js
onmessage = function (event){
    WebAssembly.instantiate(event.data).then(instance =>
        postMessage('' + instance.exports.showMeTheAnswer())
    );
}
```

3.4 **WebAssembly.Instance** 对象

与实例对应的 JavaScript 对象为 WebAssembly.Instance，获取实例的主要方法是 3.2 节中介绍过的 WebAssembly.instantiate() 方法。

3.4.1 **WebAssembly.Instance()**

实例的构造器方法，该方法用于同步地创建模块的实例，语法为：

```
var instance = new WebAssembly.Instance(module, importObject);
```

参数

- module：用于创建实例的模块。
- importObject：可选，新建实例的导入对象，它可以包含 JavaScript 方法、WebAssembly.Memory、WebAssembly.Table 和 WebAssembly 全局变量对象。

返回值

- 新创建的实例。

异常

- 如果传入参数的类型不正确，将抛出 TypeError。
- 如果链接失败，将抛出 WebAssembly.LinkError。

值得注意的是，如果 Module 中声明了导入对象，无论用哪种方法进行实例化 [WebAssembly.Instance()、WebAssembly.instantiate() 和 WebAssembly.instantiateStreaming()]，都必须提供完整的导入对象。例如，我们在"你好，WASM"例子的 WebAssembly 代码中声明了导入内存及 print() 函数，若在实例化时不提供导入对象，则实例化将失败：

```
//linkerror.html
    fetch('hello.wasm').then(response =>
        response.arrayBuffer()
    ).then(bytes =>
        WebAssembly.compile(bytes)
    ).then(module =>
```

```
            WebAssembly.instantiate(module);
            //TypeError: Imports argument must be present and must be an object
        );
```

即使在实例化时提供了导入对象，若不完整，例如，只导入内存，而不导入 js.print 方法，实例化仍然会失败：

```
//linkerror.html
    var wasmMem = new WebAssembly.Memory({initial:1});
    var importObj = { js: { /*print: printStr, */mem: wasmMem } };

    fetch('hello.wasm').then(response =>
        response.arrayBuffer()
    ).then(bytes =>
        WebAssembly.compile(bytes)
    ).then(module =>
        WebAssembly.instantiate(module, importObj)
    );
```

控制台输出如下：

```
Uncaught (in promise) LinkError: Import #0 module="js" function="print" error:
function import requires a callable
```

3.4.2　**WebAssembly.Instance.prototype.exports**

WebAssembly.Instance 的只读属性 exports 包含了实例的所有导出函数，即实例供外部 JavaScript 程序调用的接口。例如，我们定义一个 WebAssembly 模块如下：

```
;;test.wat
(module
    (func (export "add") (param $i1 i32) (param $i2 i32) (result i32)
        get_local $i1
        get_local $i2
        i32.add
    )
    (func (export "inc") (param $i1 i32) (result i32)
        get_local $i1
        i32.const 1
        i32.add
    )
)
```

它导出了两个函数 add() 以及 inc()，分别执行加法以及加 1 操作。执行 JavaScript 程序：

```
//exports.html
fetch('test.wasm').then(response =>
        response.arrayBuffer()
    ).then(bytes =>
        WebAssembly.compile(bytes)
    ).then(module =>
        WebAssembly.instantiate(module)
    ).then(instance =>{
            console.log(instance.exports);
            console.log(instance.exports.add(21, 21));    //42
            console.log(instance.exports.inc(12));         //13
        }
    );
```

控制台将输出：

```
{add: ƒ, inc: ƒ}
42
13
```

3.4.3 创建 **WebAssembly.Instance** 的简洁方法

鉴于在创建实例的过程中，fetch()、compile() 等操作会重复出现，我们定义一个 fetchAndInstantiate() 方法如下：

```
function fetchAndInstantiate(url, importObject) {
    return fetch(url).then(response =>
        response.arrayBuffer()
    ).then(bytes =>
        WebAssembly.instantiate(bytes, importObject)
    ).then(results =>
        results.instance
    );
}
```

这样只需一行代码即可完成实例的创建，例如：

```
fetchAndInstantiate('test.wasm', importObject).then(function(instance) {
    //do sth. with instance...
})
```

在后续各节中，为了简化代码，方便阅读，我们将使用这一方法。

3.5 **WebAssembly.Memory** 对象

与 WebAssembly 内存对应的 JavaScript 对象为 `WebAssembly.Memory`，它用于在 WebAssembly 程序中存储运行时数据。无论从 JavaScript 的角度，还是 WebAssembly 的角度，内存对象本质上都是一个一维数组，JavaScript 和 WebAssembly 可以通过内存相互传递数据。较为常见的用法是：在 JavaScript 中创建内存对象（该对象包含了一个 `ArrayBuffer`，用于存储上述一维数组），模块实例化时将其通过导入对象导入 WebAssembly 中。一个内存对象可以导入多个实例，这使得多个实例可以通过共享一个内存对象的方式交换数据。

3.5.1 **WebAssembly.Memory()**

WebAssembly 内存对象的构造器方法，语法为：

```
var memory = new WebAssembly.Memory(memDesc);
```

参数

- `memDesc`：新建内存的参数，包含下述属性。
    - `initial`：内存的初始容量，以页为单位（1 页=64 KB=65 536 字节）。
    - `maximum`：可选，内存的最大容量，以页为单位。

异常

- 如果传入参数的类型不正确，将抛出 `TypeError`。
- 如果传入的参数包含 `maximum` 属性，但是其值小于 `initial` 属性，将抛出 `RangeError`。

3.5.2 **WebAssembly.Memory.prototype.buffer**

`buffer` 属性用于访问内存对象的 `ArrayBuffer`。

例如：

```
//sum.html
    var memory = new WebAssembly.Memory({initial:1, maximum:10});
    fetchAndInstantiate('sum.wasm', {js:{mem:memory}}).then(
        function(instance) {
            var i32 = new Uint32Array(memory.buffer);
            for (var i = 0; i < 32; i++) {
                i32[i] = i;
            }
            console.log(instance.exports.sum(0, 32));    //496
        }
    );
```

上述代码创建了初始容量为 1 页的内存对象并导入实例，从内存的起始处开始依次填入了 32 个 32 位整型数，然后调用了实例导出的 sum() 方法：

```
;;sum.wat
(module
    (import "js" "mem" (memory 1))
    (func (export "sum") (param $offset i32) (param $count i32) (result i32)
        (local $end i32) (local $re i32)
        get_local $offset
        get_local $count
        i32.const 4
        i32.mul
        i32.add
        set_local $end
        block
            loop
                get_local $offset
                get_local $end
                i32.eq
                br_if 1
                get_local $re
                get_local $offset
                i32.load ;;Load i32 from memory:offset
                i32.add
                set_local $re
                get_local $offset
                i32.const 4
                i32.add
```

```
                    set_local $offset
                    br 0
                end
            end
        get_local $re
    )
)
```

sum() 按照输入参数，从内存中依次取出整型数，计算其总和并返回。

上述例子展示了在 JavaScript 中创建内存导入 WebAssembly 的方法，然而，反向操作，也就是说，在 WebAssembly 中创建内存，导出到 JavaScript，也是可行的。例如：

```
;;export_mem.wat
(module
    (memory $mem 1)                          ;;define $mem, initSize = 1page
    (export "memory" (memory $mem))     ;;$export $mem as "memory"
    (func (export "fibonacci") (param $count i32)
        (local $i i32) (local $a i32) (local $b i32)
        i32.const 0
        i32.const 1
    ...
```

我们在 WebAssembly 中定义了初始容量为 1 页的内存，并将其导出；同时导出了名为 fibonacci() 的方法，用于根据输入的数列长度来生成斐波拉契数列。

```
//export_mem.htm
    fetchAndInstantiate('export_mem.wasm').then(
        function(instance) {
            console.log(instance.exports); //{memory: Memory, fibonacci: ƒ}
            console.log(instance.exports.memory); //Memory {}
            console.log(instance.exports.memory.buffer.byteLength); //65536
            instance.exports.fibonacci(10);
            var i32 = new Uint32Array(instance.exports.memory.buffer);
            var s = "";
            for (var i = 0; i < 10; i++) {
                s += i32[i] + ' '
            }
            console.log(s);     //1 1 2 3 5 8 13 21 34 55
        }
    );
```

上述 JavaScript 代码运行后，控制台输出如下：

```
{memory: Memory, fibonacci: ƒ}
Memory {}
65536
1 1 2 3 5 8 13 21 34 55
```

可见，在 WebAssembly 内部创建的内存被成功导出，调用 fibonacci() 后在内存中生成的斐波拉契数列亦可正常访问。

值得注意的是，如果 WebAssembly 内部创建了内存，但是在实例化时又导入了内存对象，那么 WebAssembly 会使用内部创建的内存，而不是外部导入的内存。例如：

```
var memory = new WebAssembly.Memory({initial:1, maximum:10});
fetchAndInstantiate('export_mem.wasm', {js:{mem:memory}}).then(
    function(instance) {
        instance.exports.fibonacci(10);
        var i32 = new Uint32Array(instance.exports.memory.buffer);
        var s = "Internal mem:";
        for (var i = 0; i < 10; i++) {
            s += i32[i] + ' '
        }
        console.log(s);    //1 1 2 3 5 8 13 21 34 55

        var i32 = new Uint32Array(memory.buffer);
        s = "Imported mem:";
        for (var i = 0; i < 10; i++) {
            s += i32[i] + ' '
        }
        console.log(s);    //0 0 0 0 0 0 0 0 0 0
    }
);
```

上述代码执行后，控制台将输出：

```
Internal mem:1 1 2 3 5 8 13 21 34 55
Imported mem:0 0 0 0 0 0 0 0 0 0
```

由此可见，WebAssembly 优先使用内部创建的内存。

3.5.3 **WebAssembly.Memory.prototype.grow()**

该方法用于扩大内存对象的容量。语法为：

```
var pre_size = memory.grow(number);
```

参数

- number：内存对象扩大的量，以页为单位。

返回值

- 内存对象扩大前的容量，以页为单位。

异常

- 如果内存对象构造时指定了最大容量，且要扩至的容量（即扩大前的容量加 number）已超过指定的最大容量，则抛出 RangeError。

内存对象扩大后，其扩大前的数据将被复制到扩大后的 buffer 中，例如：

```
//grow.html
    fetchAndInstantiate('export_mem.wasm').then(
        function(instance) {
            instance.exports.fibonacci(10);
            var i32 = new Uint32Array(instance.exports.memory.buffer);
            console.log("mem size before grow():",
                instance.exports.memory.buffer.byteLength); //65536
            var s = "mem content before grow():";
            for (var i = 0; i < 10; i++) {
                s += i32[i] + ' '
            }
            console.log(s); //1 1 2 3 5 8 13 21 34 55

            instance.exports.memory.grow(99);
            i32 = new Uint32Array(instance.exports.memory.buffer);
            console.log("mem size after grow():",
                instance.exports.memory.buffer.byteLength); //6553600
            var s = "mem content after grow():";
            for (var i = 0; i < 10; i++) {
                s += i32[i] + ' '
            }
            console.log(s); //still 1 1 2 3 5 8 13 21 34 55
        }
    );
```

上述程序执行后，控制台将输出：

```
mem size before grow(): 65536
mem content before grow():1 1 2 3 5 8 13 21 34 55
mem size after grow(): 6553600
mem content after grow():1 1 2 3 5 8 13 21 34 55
```

可见在 JavaScript 看来，数据并未丢失；在 WebAssembly 看来也一样：

```
//grow2.html
    var memory = new WebAssembly.Memory({initial:1, maximum:10});
    fetchAndInstantiate('sum.wasm', {js:{mem:memory}}).then(
        function(instance) {
            var i32 = new Uint32Array(memory.buffer);
            for (var i = 0; i < 32; i++) {
                i32[i] = i;
            }
            console.log("mem size before grow():",
                memory.buffer.byteLength); //65536
            console.log("sum:", instance.exports.sum(0, 32)); //496

            memory.grow(9);
            console.log("mem size before grow():",
                memory.buffer.byteLength); //655360
            console.log("sum:", instance.exports.sum(0, 32)); //still 496
        }
    );
```

上述代码运行后，控制台输出：

```
mem size before grow(): 65536
sum: 496
mem size before grow(): 655360
sum: 496
```

可见在 WebAssembly 看来，grow() 也不会丢失数据。但值得注意的是，grow()
有可能引发内存对象的 ArrayBuffer 重分配，从而导致引用它的 TypedArray 失效。
例如：

```
//grow3.html
    fetchAndInstantiate('export_mem.wasm').then(
        function(instance) {
            instance.exports.fibonacci(10);
            var i32 = new Uint32Array(instance.exports.memory.buffer);
```

```
        var s = "i32 content before grow():";
        for (var i = 0; i < 10; i++) {
            s += i32[i] + ' '
        }
        console.log(s); //1 1 2 3 5 8 13 21 34 55

        instance.exports.memory.grow(99);
        //i32 = new Uint32Array(instance.exports.memory.buffer);
        var s = "i32 content after grow():";
        for (var i = 0; i < 10; i++) {
            s += i32[i] + ' '
        }
        console.log(s); //undefined...
    }
);
```

上述代码注释掉了第二条 i32 = new Uint32Array(instance.exports.memory.
buffer);，由于 grow() 后 Memory.buffer 重分配，导致之前创建的 i32 失效，控
制台输出如下：

```
i32 content before grow():1 1 2 3 5 8 13 21 34 55
i32 content after grow():undefined undefined undefined undefined undefined
undefined undefined undefined undefined undefined
```

这意味着通过 TypedArray 读写 Memory.buffer 时，必须随用随创建。

如果内存对象在创建时指定了最大容量，则使用 grow() 扩容时不能超过最大容量
值。例如，下列代码第二次 grow() 时将抛出 RangeError：

```
var memory = new WebAssembly.Memory({initial:1, maximum:10});
//...
memory.grow(9);  //ok, current size = 10 pages
memory.grow(1);  //RangeError
```

3.6 WebAssembly.Table 对象

通过前面的介绍我们不难发现，在 WebAssembly 的设计思想中，与执行过程相关的
代码段/栈等元素与内存是完全分离的，这与通常体系结构中代码段/数据段/堆/栈全都处
于统一编址内存空间的情况完全不一样，函数地址对 WebAssembly 程序来说不可见，更
遑论将其当作变量一样传递、修改以及调用了。然而函数指针对很多高级语言来说是必

不可少的特性，如回调、C++的虚函数都依赖于它。解决这一问题的关键，就是本节将要介绍的表格对象。

　　表格是保存了对象引用的一维数组。目前可以保存在表格中的元素只有函数引用一种类型，随着 WebAssembly 的发展，将来或许有更多类型的元素（如 DOM 对象）能被存入其中，但到目前为止，可以说表格是专为函数指针而生。目前每个实例只能包含一个表格，因此相关的 WebAssembly 指令隐含的操作对象均为当前实例拥有的唯一表格。表格不占用内存地址空间，二者是相互独立的。

　　使用函数指针的本质行为是：通过变量（即函数地址）找到并执行函数。在 WebAssembly 中，当一个函数被存入表格中后，即可通过它在表格中的索引（该函数在表格中的位置，或者说数组下标）来调用它，这就间接地实现了函数指针的功能，只不过用来寻找函数的变量不是函数地址，而是它在表格中的索引。

　　WebAssembly 为何使用这种拐弯抹角的方式来实现函数指针？最重要的原因是为了安全。倘若能通过函数的真实地址来调用它，那么 WebAssembly 代码的执行范围将不可控，例如，调用非法地址导致浏览器崩溃，甚至下载恶意程序后导入运行等，而在 WebAssembly 当前的设计框架下，保存在表格中的函数地址对 WebAssembly 代码不可见、无法修改，只能通过表格索引来调用，并且运行时的栈数据并不保存在内存对象中，由此彻底断绝了 WebAssembly 代码越界执行的可能，最糟糕的情况不过是在内存对象中产生一堆错误数据而已。

　　与 WebAssembly 表格对应的 JavaScript 对象为 WebAssembly.Table。

3.6.1　`WebAssembly.Table()`

　　表格的构造器方法，语法为：

```
var table = new WebAssembly.Table(tableDesc);
```

参数

- `tableDesc`：新建表格的参数，包含下述属性。
  - `element`：存入表格中的元素的类型，当前只能为 `anyfunc`，即函数引用。
  - `initial`：表格的初始容量。
  - `maximum`：可选，表格的最大容量。

"表格的最大容量"指表格能容纳的函数索引的个数（即数组长度），这与内存对象的容量以页为单位不同，注意区分。

异常

- 如果传入参数的类型不正确，将抛出 `TypeError`。
- 如果传入的参数包含 `maximum` 属性，但是其值小于 `initial` 属性，将抛出 `RangeError`。

3.6.2 `WebAssembly.Table.prototype.get()`

该方法用于获取表格中指定索引位置的函数引用，语法为：

```
var funcRef = table.get(index);
```

参数

- `index`：欲获取的函数引用的索引。

返回值

- WebAssembly 函数的引用。

异常

- 如果 `index` 大于等于表格当前的容量，抛出 `RangeError`。

示例

```
//import_table.html
    var table = new WebAssembly.Table({element:'anyfunc', initial:2});
    console.log(table);
    console.log(table.get(0));
    console.log(table.get(1));
    fetchAndInstantiate('import_table.wasm', {js:{table:table}}).then(
        function(instance) {
            console.log(table.get(0));
            console.log(table.get(1));
        }
    );


;;import_table.wat
(module
```

```
(import "js" "table" (table 2 anyfunc))
(elem (i32.const 0) $func1 $func0)  ;;set $func0,$func1 to table
(func $func0 (result i32)
    i32.const 13
)
(func $func1 (result i32)
    i32.const 42
)
)
```

我们在 JavaScript 中创建了初始容量为 2 的表格并为其导入实例，在 WebAssembly 的 elem 段将 func1、func0 存入表格中（刻意颠倒了顺序）。上述程序执行后控制台输出如下：

```
Table {}
null
null
ƒ 1() { [native code] }
ƒ 0() { [native code] }
```

table.get() 的返回值类型与 Instance 导出的函数是一样的，这意味着我们可以调用它。将上述例子略为修改：

```
//import_table2.html
    var table = new WebAssembly.Table({element:'anyfunc', initial:2});
    fetchAndInstantiate('import_table.wasm', {js:{table:table}}).then(
        function(instance) {
            var f0 = table.get(0);
            console.log(f0());
            console.log(table.get(1)());
        }
    );
```

运行后控制台输出如下：

```
42
13
```

> **提示** 在上一个例子中，func0 和 func1 并未导出，而将其存入表格后，JavaScript 依然可以通过表格对其进行调用。

3.6.3 `WebAssembly.Table.prototype.length`

`length` 属性用于获取表格的当前容量。

与内存对象类似，表格既可以在 JavaScript 中创建后被导入 WebAssembly，亦可在 WebAssembly 中创建后导出到 JavaScript，并且优先使用模块内部创建的表格。例如：

```
;;export_table.wat
(module
    (table $tab 2 anyfunc)                    ;;define $tab, initSize = 2
    (export "table" (table $tab))             ;;export $tab as "table
    (elem (i32.const 0) $func1 $func0)    ;;set $func0,$func1 to table
    (func $func0 (result i32)
        i32.const 13
    )
    (func $func1 (result i32)
        i32.const 42
    )
)
//export_table.html
    var table = new WebAssembly.Table({element:'anyfunc', initial:1});
    fetchAndInstantiate('export_table.wasm', {js:{table:table}}).then(
        function(instance) {
            console.log(table.get(0)); //null

            console.log(instance.exports);
            console.log('instance.exports.table.length:'
                + instance.exports.table.length);
            for (var i = 0; i < instance.exports.table.length; i++){
                console.log(instance.exports.table.get(i));
                console.log(instance.exports.table.get(i)());
            }
        }
    );
```

程序执行后控制台将输出：

```
null
{table: Table}
instance.exports.table.length:2
```

```
ƒ 1() { [native code] }
42
ƒ 0() { [native code] }
13
```

3.6.4　在 WebAssembly 内部使用表格

前面的例子展示的是表格中的函数被 JavaScript 调用，然而表格更主要的作用还是被 WebAssembly 调用，例如：

```
;;call_by_index.wat
(module
    (import "js" "table" (table 2 anyfunc))
    (elem (i32.const 0) $plus13 $plus42)        ;;set $plus13,$plus42 to table
    (type $type_0 (func (param i32) (result i32)))  ;;define func Signatures
    (func $plus13 (param $i i32) (result i32)
        i32.const 13
        get_local $i
        i32.add
    )
    (func $plus42 (param $i i32) (result i32)
        i32.const 42
        get_local $i
        i32.add
    )
    (func (export "call_by_index")(param $id i32)(param $input i32)(result i32)
        get_local $input            ;;push param into stack
        get_local $id               ;;push id into stack
        call_indirect (type $type_0) ;;call table:id
    )
)
```

WebAssembly 代码定义了两个函数，即 plus13() 以及 plus42()，并将其分别存入表格的 0 和 1 处。

(type $type_0 (func (param i32) (result i32)))定义了将要被调用的函数的签名（即函数的参数列表及返回值类型）——根据栈式虚拟机的特性，WebAssembly 在执行函数调用时，调用方与被调用方需要严格匹配签名；若签名不匹配，会抛出 WebAssembly.RuntimeError。

> 提示　WebAssembly 汇编语言的相关细节将在第 4 章详细介绍。

导出函数 `call_by_index()` 调用表格中的第`$id` 个函数并返回。
按下列方法在 JavaScript 中调用后：

```
//call_by_index.html
    var table = new WebAssembly.Table({element:'anyfunc', initial:2});
    fetchAndInstantiate('call_by_index.wasm', {js:{table:table}}).then(
        function(instance) {
            console.log(instance.exports.call_by_index(0, 10));
            console.log(instance.exports.call_by_index(1, 10));
        }
    );
```

控制台将输出：

```
23
52
```

在 WebAssembly 中使用 `call_indirect` 时，如果试图调用索引范围超过表格容量的函数，将抛出 WebAssembly.RuntimeError，如在上述例子中，表格的容量为 2，如果我们执行下列操作：

```
var table = new WebAssembly.Table({element:'anyfunc', initial:2});
fetchAndInstantiate('call_by_index.wasm', {js:{table:table}}).then(
    function(instance) {
        instance.exports.call_by_index(2, 10); //WebAssembly.RuntimeError
    }
);
```

控制台输出如图 3-2 所示。

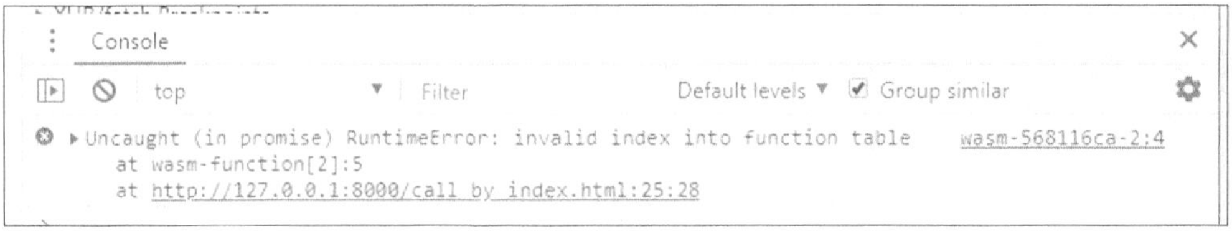

图 3-2

3.6.5 多个实例通过共享表格及内存协同工作

与内存对象类似，一个表格也可以被导入多个实例从而被多个实例共享。接下来，我们以一个相对复杂的例子来展示多个实例共享内存和表格协同工作。在这个例子中，我们将载入两个模块并各自创建一个实例，其中一个将在内存中生成斐波拉契数列的函数，另一个将调用前者，计算数列的和并输出。

计算斐波拉契数列的模块如下：

```
;;fibonacii.wat
(module
    (import "js" "mem" (memory 1))
    (import "js" "table" (table 1 anyfunc))
    (elem (i32.const 0) $fibonacci)     ;;set $fibonacci to table:0
    (func $fibonacci (param $count i32)
        (local $i i32) (local $a i32) (local $b i32)
        i32.const 0
        i32.const 1
        i32.store
        i32.const 4
        i32.const 1
        i32.store
        i32.const 1
        set_local $a
        i32.const 1
        set_local $b
        i32.const 8
        set_local $i
        get_local $count
        i32.const 4
        i32.mul
        set_local $count
        block
            loop
                get_local $i
                get_local $count
                i32.ge_s
                br_if 1
                get_local $a
```

```
                            get_local $b
                            i32.add
                            set_local $b
                            get_local $b
                            get_local $a
                            i32.sub
                            set_local $a
                            get_local $i
                            get_local $b
                            i32.store
                            get_local $i
                            i32.const 4
                            i32.add
                            set_local $i
                            br 0
                        end
                end
        )
    )
```

上述代码定义了计算斐波拉契数列的函数 fibonacci()，并将其引用存入表格的索引 0 处。

求和模块如下：

```
;;sumfib.wat
(module
    (import "js" "mem" (memory 1))
    (import "js" "table" (table 1 anyfunc))
    (type $type_0 (func (param i32))) ;;define func Signatures
    (func (export "sumfib") (param $count i32) (result i32)
     (local $offset i32)(local $end i32)(local $re i32)
        ;;call table:element 0:
        (call_indirect (type $type_0) (get_local $count) (i32.const 0))
        i32.const 0
        set_local $offset
        get_local $count
        i32.const 4
        i32.mul
        set_local $end
        block
            loop
                get_local $offset
```

```
                get_local $end
                i32.eq
                br_if 1
                get_local $re
                get_local $offset
                i32.load ;;Load i32 from memory:offset
                i32.add
                set_local $re
                get_local $offset
                i32.const 4
                i32.add
                set_local $offset
                br 0
            end
        end
        get_local $re
    )
)
```

`(call_indirect (type $type_0) (get_local $count) (i32.const 0))`
按照函数签名将参数$count 压入了栈，然后通过 `call_indirect` 调用了表格中索引
0 处的函数，后续的代码计算并返回了数列的和。

```
//sum_fibonacci.html
    var memory = new WebAssembly.Memory({initial:1, maximum:10});
    var table = new WebAssembly.Table({element:'anyfunc', initial:2});
    Promise.all([
        fetchAndInstantiate('sumfib.wasm', {js:{table:table, mem:memory}}),
        fetchAndInstantiate('fibonacci.wasm', {js:{table:table, mem:memory}})
    ]).then(function(results) {
        console.log(results[0].exports.sumfib(10));
    });
```

不出意外，上述程序按照我们设计的路径（JavaScript->sumfib.wasm.sumfib->table:0->
fibonacci.wasm.fibonacci->sumfib.wasm.sumfib->return）正确执行，并输出了斐波拉契数
列前 10 项的和：

143

刚才的例子中都是在 WebAssembly 中修改表格，事实上，运行时我们还可以在
JavaScript 中修改它。

3.6.6　`WebAssembly.Table.prototype.set()`

该方法用于将一个 WebAssembly 函数的引用存入表格的指定索引处，语法为：

```
table.set(index, value);
```

参数

- `index`：表格索引。
- `value`：函数引用，函数指的是实例导出的函数或保存在表格中的函数。

异常

- 如果 `index` 大于等于表格当前的容量，抛出 RangeError。
- 如果 `value` 为 null，或者不是合法的函数引用，抛出 TypeError。

把刚才的斐波拉契数列求和例子略为修改：

```
;;fibonacci2.wat
(module
    (import "js" "mem" (memory 1))
    (import "js" "table" (table 1 anyfunc))
    (func (export "fibonacci") (param $count i32)
    ...
```

```
//sum_fibonacci2.html
    var memory = new WebAssembly.Memory({initial:1, maximum:10});
    var table = new WebAssembly.Table({element:'anyfunc', initial:2});
    Promise.all([
        fetchAndInstantiate('sumfib.wasm', {js:{table:table, mem:memory}}),
        fetchAndInstantiate('fibonacci2.wasm', {js:{table:table, mem:memory}})
    ]).then(function(results) {
        console.log(results[1].exports);
        table.set(0, results[1].exports.fibonacci);
        console.log(results[0].exports.sumfib(10));
    });
```

也就是说，`fibonacci()` 函数是在 JavaScript 中动态导入表格的。程序运行后，结果依然：

```
{fibonacci: f}
143
```

表格和内存的跨实例共享，加上表格在运行时可变，使 WebAssembly 可以实现非常复杂的动态链接。

3.6.7　`WebAssembly.Table.prototype.grow()`

该方法用于扩大表格的容量，语法为：

```
preSize = table.grow(number);
```

参数

- `number`：表格扩大的量。

返回值

- 表格扩大前的容量。

异常

- 如果表格构造时指定了最大容量，且要扩至的容量（即扩大前的容量加 `number`）已超过指定的最大容量，则抛出 `RangeError`。

与内存类似，表格的 `grow()` 方法不会丢失扩容前的数据。鉴于相关的验证方法和例子与内存高度相似，在此不再重复。

3.7　小结及错误类型

除了常规的 `TypeError` 和 `RangeError`，与 WebAssembly 相关的异常还有另外 3 种，即 `WebAssembly.CompileError`、`WebAssembly.LinkError` 和 `WebAssembly.RuntimeError`。这 3 种异常正好对应 WebAssembly 程序生命周期的 3 个阶段，即编译、链接（实例化）和运行。

编译阶段的主要任务是将 WebAssembly 二进制代码编译为模块（如何转码取决于虚拟机实现）。在此过程中，若 WebAssembly 二进制代码的合法性无法通过检查，则抛出

WebAssembly.CompileError。

　　在链接阶段，将创建实例，并链接导入/导出对象。导致该阶段抛出 WebAssembly.LinkError 异常的典型情况是导入对象不完整，导入对象中缺失了模块需要导入的函数、内存或表格。另外，在实例初始化时，可能会执行内存/表格的初始化，如 2.4 节的例子中使用 data 段初始化内存：

```
(data (i32.const 0) "你好，WASM")
```

以及 3.6 节的例子中使用 elem 段初始化表格：

```
;;import_table.wat
(module
    (import "js" "table" (table 2 anyfunc))
    (elem (i32.const 0) $func1 $func0) ;;set $func0,$func1 to table
    ...
)
```

　　在此过程中，若内存/表格的容量不足以容纳装入的数据/函数引用，也会导致 WebAssembly.LinkError。

　　运行时抛出 WebAssembly.RuntimeError 的情况较多，常见的主要有以下几个。

　　（1）内存访问越界。试图读写超过内存当前容量的地址空间。

　　（2）调用函数时，调用方与被调用方签名不匹配。

　　（3）表格访问越界。试图调用/修改大于等于表格容量的索引处的函数。

　　在运行时产生的异常中有一种情况需要特别注意：目前 JavaScript 的 Number 类型无法无损地表达 64 位整型数。这意味着虽然 WebAssembly 支持 i64 类型的运算，但是与 JavaScript 对接的导出函数不能使用 i64 类型作为参数或返回值，一旦在 JavaScript 中调用参数或返回值类型为 i64 的 WebAssembly 函数，将抛出 TypeError。

　　下面给出了一些异常的例子。WebAssembly 代码如下：

```
;;exceptions.wat
(module
    (import "js" "mem" (memory 1))
    (import "js" "table" (table 2 anyfunc))
    (elem (i32.const 0) $f0 $f1)
    (type $type_0 (func (result i32)))
    (func $f0 (param i32)(result i32)
        i32.const 13
    )
```

```
(func $f1 (result i32)
    i32.const 65540
    i32.load
)
(func (export "call_by_index") (param $index i32)(result i32)
    get_local $index
    call_indirect (type $type_0)
)
(func (export "return_i64") (result i64)
    i64.const 0
)
(func (export "param_i64") (param i64))
)
```

JavaScript 代码如下：

```
//exceptions.html
    var table = new WebAssembly.Table({element:'anyfunc', initial:3});
    var memory = new WebAssembly.Memory({initial:1});
    fetchAndInstantiate('exceptions.wasm', {js:{table:table, mem:memory}}).then(
        function(instance) {
            try{
                instance.exports.call_by_index(0)
            }
            catch(err){
                console.log(err);
            }
            try{
                instance.exports.call_by_index(1)
            }
            catch(err){
                console.log(err);
            }
            try{
                instance.exports.call_by_index(2)
            }
            catch(err){
                console.log(err);
            }
            try{
                instance.exports.call_by_index(3)
            }
```

```
        catch(err){
            console.log(err);
        }
        try{
            instance.exports.return_i64()
        }
        catch(err){
            console.log(err);
        }
        try{
            instance.exports.param_i64(0)
        }
        catch(err){
            console.log(err);
        }
    }
);
```

程序运行后，捕获异常如图 3-3 所示。

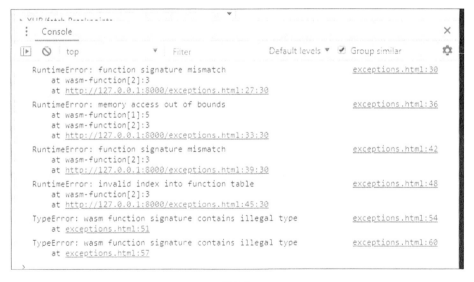

图 3-3

第 4 章

WebAssembly 汇编语言

在汇编语言面前，一切了无秘密。

——chai2010

第 3 章中介绍了在 JavaScript 中如何使用 WebAssembly 模块，本章将深入内部，通过系统地介绍 WebAssembly 汇编语言，揭示 WebAssembly 虚拟机的结构原理和运行机制。通过阅读本章，读者将会更深刻地理解 WebAssembly 编程的抽象模型。

4.1 S-表达式

WebAssembly 文本格式是以 S-表达式表示的。S-表达式是用于描述树状结构的一种简单的文本格式，其特征是树的每个结点均被一对圆括号"（...）"包围，结点可以包含子结点。

最简单的 WebAssembly 模块如下：

```
(module)
```

在 S-表达式中，这表示一棵根结点为 module 的树——尽管 module 下什么都没有，这仍然是一个合法的 WebAssembly 模块。

在 WebAssembly 文本格式中，左括号"（"后紧跟的是结点的类型，如刚才例子中的 module，随后是由分隔符（空格、换行符等）分隔的属性和子结点列表。下面的代码描述了一个 WebAssembly 模块，该模块包含一个什么也没做的空函数以及属性为 1 的 `memory`：

```
(module
    (func)
    (memory 1)
)
```

WebAssembly 文本格式中，结点类型如表 4-1 所示。

表 4-1

结　　点	类　　型
module	WebAssembly 模块根结点，即 Module
memory	Memory
data	Memory 初始值
table	Table
elem	Table 元素初始值
import	导入对象
export	导出对象
type	函数签名
global	全局变量
func	函数
param	函数参数
result	函数返回值
local	局部变量
start	开始函数

4.2　数据类型

WebAssembly 中共有以下 4 种数据类型。

- `i32`：32 位整型数。
- `i64`：64 位整型数。
- `f32`：32 位浮点数，IEEE 754 标准。
- `f64`：64 位浮点数，IEEE 754 标准。

WebAssembly 采用的是数据类型后置的表达方式，如：

```
(param i32)
```

上述代码定义了 i32 类型的参数。

```
(result f64)
```

上述代码定义了 f64 类型的返回值。

对两种整型数（i32 及 i64）来说，WebAssembly 并不区分有符号整数/无符号整数，也就是说无论是有符号的 32 位整数还是无符号的 32 位整数，在 WebAssembly 中数据类型均为 i32（i64 亦然）。然而某些操作需要明确区分有符号/无符号整数，在这些情况下，WebAssembly 提供了有符号/无符号两个版本的指令以区分实际需要的操作。一般来说，无符号版本的指令后缀为 "_u"，而有符号版本的指令后缀为 "_s"。例如，i32.gt_u/i32.gt_s 即分别为 32 位整数大于测试指令的无符号/有符号版本。

WebAssembly 是强类型语言，它不支持隐式类型转换。

4.3 函数定义

WebAssembly 模块的可执行代码位于函数中。函数的结构如下：

```
(func<函数签名> <局部变量表> <函数体>)
```

除 func 类型标签外，函数包含 3 个可选的组成部分，即函数签名、局部变量表和函数体。

4.3.1 函数签名

函数签名表明了函数的参数及返回值，它由一系列 param 结点（参数列表）及 result 结点（返回值）构成。例如：

```
(func (param i32) (param f32) (result f64) ...)
```

上述代码中，(param i32) (param f32) (result f64)即为函数的签名，它表示该函数有两个输入参数，第一个为 i32 类型，第二个为 f32 类型；该函数的返回值为 f64 类型。WebAssembly 是强类型语言，因此其参数及返回值都必须显式地注明数据类型。目前 WebAssembly 的函数仅支持单返回值，也就是说一个函数签名中最多只能有一个 result 结点（未来可能会支持多返回值）。如果签名中没有 result，则表明该函数没有返回值。

4.3.2 局部变量表

局部变量表由一系列 local 结点组成，例如：

```
(func (result f64) (local i32) (local f32) ...)
```

上述代码中，(local i32) (local f32)定义了两个局部变量，分别为 i32 类型及 f32 类型。与大多数语言类似，WebAssembly 中局部变量仅能在函数内部使用。

4.3.3 函数体

函数体是一系列 WebAssembly 汇编指令的线性列表。例如，在 2.4 节的例子中：

```
(func (export "hello")
    i32.const 0  ;;pass offset 0 to js_print
    i32.const 13 ;;pass length 13 to js_print
    call $js_print
)
```

i32.const 0、i32.const 13 和 call $js_print 均为 WebAssembly 汇编指令，这 3 条指令构成了该函数的函数体。

4.3.4 函数别名

WebAssembly 是通过函数索引（即函数在模块中定义的顺序）来标识它的。例如，下述两个函数的索引值分别为 0 和 1：

```
(module
    (func ...) ;;func[0]
    (func ...) ;;func[1]
)
```

使用索引调用函数既不直观又容易出错，出于方便，WebAssembly 文本格式允许给函数命名，方法是在 func 后增加一个以$开头的名字。例如：

```
(func $add ...)
```

这样我们就定义了一个名为$add 的函数。在文本格式（.wat）被转换为二进制格式（.wasm）后，别名会被替换为索引值。因此可以认为别名只是 WebAssembly 文本格式为了方便程序员识别而引入的语法糖。

值得注意的是，在 WebAssembly 中，函数只能在模块下定义，而不能在函数内部嵌套定义。下列做法是错误的：

```
(func (func))
```

这意味着，对函数所处的模块来说，所有的函数都是全局函数。

4.4 变量

本节将介绍在 WebAssembly 汇编语言中如何使用变量。与 C 语言类似，WebAssembly 中的变量分为局部变量和全局变量两类，二者主要区别为作用域不同。

4.4.1 参数与局部变量

来看一个例子：

```
(func $f1 (param i32) (param f32) (result i64)
    (local f64)
    ;;do sth.
)
```

通过 4.3 节我们可以知道，上述代码定义了一个名为$f1 的函数，这个函数有两个参数（类型分别为 i32、f32），返回值为 i64 类型，同时有一个类型为 f64 的局部变量。函数体如何读写参数以及局部变量呢？答案是使用 get_local 和 set_local 指令，例如：

```
(func $f1 (param i32) (param f32) (result i64)
    (local f64)
    get_local 0 ;;get i32
    get_local 1 ;;get f32
    get_local 2 ;;get f64
```

```
    ...
)
```

get_local 0 指令将得到第一个参数（i32 类型），get_local 1 将得到第二个参数（f32 类型），get_local 2 将得到局部变量（f64 类型）。由此我们可以看出，参数与局部变量的区别仅在于：参数的初始值是在调用函数时由调用方传入的；对函数体来说，参数与局部变量是等价的，都是函数内部的局部变量，WebAssembly 按照变量声明出现的顺序给每个变量赋予了 0,1,2,…这样的递增索引，get_local n 指令的作用是读取第 n 个索引对应的局部变量的值并将其压入栈中（关于栈式虚拟机的概念将在 4.5 节中介绍），相对地，set_local n 的功能是将栈顶的数据弹出并存入第 n 个索引对应的局部变量中。

> **提示** 在 WebAssembly 中，除参数外，整型局部变量的初始值为 0，浮点型局部变量的初始值为+0。

4.4.2 变量别名

与函数别名类似，WebAssembly 文本格式允许为局部变量命名。例如：

```
(func $f1 (param $p0 i32) (param $p1 f32) (result i64)
    (local $l0 f64)
    get_local $p0 ;;get i32
    get_local $p1 ;;get f32
    get_local $l0 ;;get f64
    ...
)
```

这与刚才使用索引的方式是等同的。

> **提示** 事实上在 WebAssembly 中，不仅函数、局部变量可以命名，而且全局变量、表格、内存等都可以命名，命名方法均为在结点类型后写入以$开头的名字。

4.4.3 全局变量

与局部变量的作用域仅限于函数内部不同，全局变量的作用域是整个 module。全局变量分为可变全局变量、只读全局变量两种，区别正如其名字：可变全局变量可读可写，而只读全局变量初始化后不可更改。

声明全局变量的语法为：

```
(global <别名><类型><初值>)
```

例如：

```
(module
    (global (mut i32) (i32.const 42))     ;;define global[0]
    (global $pi f32 (f32.const 3.14159)) ;;define global[1] as $pi
    ...
)
```

`(global (mut i32) (i32.const 42))`定义了 i32 类型的可变全局变量，初值为 42。

`(global $pi f32 (f32.const 3.14159))`定义了 f32 类型的只读全局变量，别名为$pi，值为 3.14159。

声明全局变量时，<类型>结点如果包含 mut 表示该变量是可变全局变量，否则为只读全局变量；<初值>结点只能是常数表达式。

全局变量的读写使用 get_global/set_global 指令。与局部变量类似，WebAssembly 也是按照全局变量声明的顺序为其分配索引值，然后通过索引值进行读写。如果试图使用 set_global 修改只读全局变量的值，在编译阶段会抛出 WebAssembly.CompileError。例如：

```
(module
    (global (mut i32) (i32.const 42))     ;;define global[0]
    (global $pi f32 (f32.const 3.14159)) ;;define global[1] as $pi
    (func
        get_global 0   ;;get 42
        get_global 1   ;;get 3.14159
        get_global $pi ;;get 3.14159

        i32.const 42
        set_global 0   ;;global[0] now become 42

        f32.const 2.1
        set_global $pi ;;CompileError!!!
        ...
```

```
    )
)
```

在 WebAssembly 中，全局对象（全局变量、函数、表格、内存和导入对象）可以在 module 的任意位置声明及使用，无须遵守先声明后使用的规则。例如，下述例子是合法的：

```
(module
    (func (result f32)
        get_global $pi ;;get 3.14159
    )
    (global $pi f32 (f32.const 3.14159)) ;;define $pi
)
```

全局变量、局部变量都不占用内存地址空间，三者各自独立。

4.5　栈式虚拟机

在前面各节中，我们反复提到了栈。例如，在 4.4.1 节中我们曾介绍过：get_local n 指令的作用是读取第 n 个索引对应的局部变量的值并将其压入栈。本节的主要内容是解释栈究竟是什么，以及它在 WebAssembly 虚拟机体系结构中的作用。

4.5.1　栈

栈是一种先入后出的数据结构，我们可以把栈理解为一种特化的数组，它被限制为只能在一端执行插入和删除操作，习惯上这一端被称为栈顶，而对应的另一端被称为栈底。栈有两种基本操作。

- 压入：或者说入栈，在栈顶添加一个元素，栈中的元素个数加 1。
- 弹出：或者说出栈，将栈顶的元素删除，栈中的元素个数减 1。

显然，在空栈中执行弹出操作是非法的；相对地，栈的最大容量受具体实现的限制存在上限，在一个满栈上执行压入操作也是非法的。

4.5.2　WebAssembly 栈式虚拟机

WebAssembly 不仅是一门编程语言，也是一套虚拟机体系结构规范。

大多数硬件的 CPU 体系中都有一定数量的通用及专用寄存器（如 IA32 中的 EAX、EBX、ESP 等），CPU 指令使用这些寄存器存放操作数，执行数值运算、逻辑运算、内存读写等操作。而在 WebAssembly 体系中，没有寄存器，操作数存放在运行时的栈上，因此 WebAssembly 虚拟机是一种栈式虚拟机。

除 nop 之类的特殊指令外，绝大多数的 WebAssembly 指令都是在栈上执行某种操作。下面给出几个具体示例。

- i32.const n：在栈上压入值为 n 的 32 位整型数。
- i32.add：从栈中取出 2 个 32 位整型数，计算它们的和并将结果压入栈。
- i32.eq：从栈中取出 2 个 32 位整型数，比较它们是否相等，相等的话在栈中压入 1，否则压入 0。

4.5.3 栈式调用

与其他很多语言类似，在 WebAssembly 中，函数调用时参数传递以及返回值获取都是通过栈来完成的。

（1）调用方将参数压入栈中。

（2）进入函数后，初始化参数（将参数从栈中弹出）。

（3）执行函数体中的指令。

（4）将函数的执行结果压入栈中返回。

（5）调用方从栈中获取函数的返回值。

提示 上述过程是逻辑过程，实际执行过程取决于不同实现。

由于函数调用经常是嵌套的，因此在同一时刻，栈中会保存调用链上多个函数的信息。每个未返回的函数占用栈上的一段独立的连续区域，这段区域被称作栈帧。栈帧是栈的逻辑片段，调用函数时栈帧被压入栈中，函数返回时栈帧被弹出栈。多级调用时，栈中将保存与调用链序列一致的多个栈帧。

进入函数时，从逻辑上来说函数获得了一个独享的栈，这个栈初始是空的。随着函数体中指令的执行，数据不断地入栈出栈。例如，下列函数：

```
(func $add (param $a i32) (param $b i32) (result i32)
    get_local $a ;;stack:[$a]
    get_local $b ;;stack:[$a, $b]
```

```
    i32.add        ;;stack:[$a+$b]
)
```

函数体依次在栈中压入了参数$a 和$b 的值,然后调用 i32.add 弹出操作数,计算其和,压入栈中返回。

WebAssembly 验证规则会执行严格的检查以保证栈帧匹配:如果函数声明了 i32 类型的返回值,则函数体执行完毕后,栈上必须包含且仅包含一个 i32 类型的值,其他类型的返回值同理;如果函数没有返回值,则函数体执行完毕后,栈必须为空。例如,下列函数均是非法的:

```
(func $func1
    i32.const 1
)
(func $func2 (result i32)
)
(func $func3 (result f32)
    i32.const 1
)
```

$func1 的签名中没有返回值,但 i32.const 1 指令在栈中压入了 i32 类型的整数 1,返回时栈帧状态不匹配;$func2 声明了 i32 类型的返回值,但是其返回时栈中是空的;$func3 声明了 f32 型的返回值,但是其返回时栈中的值是 i32 类型。

事实上,WebAssembly 验证规则会对所有的指令执行类型检查。例如,下述函数也是非法的:

```
;;type_error.wat
(module
    (func $func4 (result i32)
        f32.const 2.0
        i32.const 1
        i32.add
    )
)
```

非法的原因是:i32.add 要求栈上的两个操作数均为 i32 类型,但是其中由 f32.const 2.0 压入的为 f32 型,类型不匹配。

严格的栈式虚拟机设计简化了指令架构,增强了可移植性和安全性。得益于 WebAssembly 的类型系统以及栈式虚拟机设计,在函数体的任意位置,栈的布局(即栈中的元素个数及数据类型)都是可以准确预估的。因此,无须运行即可对 WebAssembly

汇编代码进行操作数数量、操作数类型、函数签名等的核验，这种非运行时的合法性检查我们简称为静态检查。使用 wabt 工具集（见 2.1 节）将.wat 转换为.wasm 时，会执行静态检查并输出出错的位置及原因，假如我们使用 wabt 转换上述例子代码，将得到以下输出：

```
wat2wasm.exe type_error.wat -o type_error.wasm
type_error.wat:5:5: error: type mismatch in i32.add, expected [i32, i32] but got
[f32, i32]
     i32.add
     ^^^^^^^
```

4.6　函数调用

在 WebAssembly 中有两种调用函数的方式，即直接调用和间接调用。

4.6.1　直接调用

直接调用使用 `call` 指令，语法为：

```
call n
```

参数 n 是欲调用的函数的索引或函数的别名。

例如：

```
(module
    (func $compute (result i32)
        i32.const 13
        f32.const 42.0
        call 1          ;;get 55
        f32.const 10.0
        call $add       ;;get 65
    )
    (func $add (param $a i32) (param $b f32) (result i32)
        get_local $a
        get_local $b
        i32.trunc_s/f32
        i32.add
```

```
    )
)
```

调用函数前，需要先在栈上按函数签名，正确地压入参数。由于参数是按照从右到左的顺序出栈初始化的，因此参数入栈的顺序与函数签名中参数声明的顺序一致，即：先声明的参数先入栈。参数入栈完成后使用 call 指令调用指定的函数。

在使用 call 指令调用函数时，如果函数签名不匹配（压入栈的参数个数不对或类型不符），将无法通过静态检查。

4.6.2 间接调用

指令 call n 中，n 必须为常数，这意味着使用直接调用时，函数间的调用关系是固定的。与此相对的是间接调用：间接调用允许我们使用变量来选择被调用的函数。间接调用是通过表格（3.6 节）和 call_indirect 指令协同完成的：表格中保存了一系列函数的引用，call_indirect 通过函数在表格中的索引来调用它，call_indirect 指令的语法为：

```
call_indirect (type n)
```

参数 n 为被调用函数的函数签名索引或函数签名别名（如果函数签名有别名的话）。例如：

```
(module
    (table 2 anyfunc)
    (elem (i32.const 0) $plus13 $plus42)          ;;set $plus13,$plus42 to table
    (type $type_0 (func (param i32)(result i32))) ;;define func Signatures
    (func $plus13 (param $i i32) (result i32)
        i32.const 13
        get_local $i
        i32.add)
    (func $plus42 (param $i i32) (result i32)
        i32.const 42
        get_local $i
        i32.add)
    (func (export "call_by_index") (param $id i32) (param $input i32) (result i32)
        get_local $input              ;;push param into stack
        get_local $id                 ;;push Function id into stack
        call_indirect (type $type_0) ;;call table:id
```

```
        )
    )
```

(table 2 anyfunc)声明了容量为 2 的表格。(elem (i32.const 0) $plus13 $plus42)从偏移 0 处开始，在表格中依次存入了函数$plus13、$plus42 的引用，其中(i32.const 0)表示开始存放的偏移为 0。

在直接调用时，由于调用关系是固定的，WebAssembly 虚拟机可以按被调用函数的签名进行参数出栈初始化的操作；但是在间接调用时被调用方是不确定的，因此必须通过某种方法协调调用双方的行为：(type $type_0 (func (param i32) (result i32)))声明了一个名为$type_0 的函数签名，该签名包含了一个 i32 的参数以及 i32 的返回值，这与$plus13 和$plus42 的函数签名是一致的。

call_indirect 指令首先从栈中弹出将要调用的函数的索引（i32 类型），然后根据(type $type_0)指定的函数签名$type_0 依次弹出参数，调用函数索引指定的函数。

使用间接调用时，虽然显式地约定了函数签名，但由于调用关系是由变量控制的，有可能发生函数签名与被调用的函数不匹配的情况。为了保证栈的完整性，WebAssembly 虚拟机执行间接调用时会动态检查函数签名，若不匹配，将抛出 WebAssembly. RuntimeError。例如：

```
//call_by_index.wat
(module
    (table 2 anyfunc)
    (elem (i32.const 0) $func1)
    (type $type_0 (func (param i32) (result i32))) ;;define func Signatures
    (func $func1 (result i32)
        i32.const 13
    )
    (func (export "call_by_index") (param $index i32) (result i32)
        i32.const 42                    ;;param
        get_local $index                ;;index
        call_indirect (type $type_0)    ;;RuntimeError
    )
)


//signature_mismatch.html
    fetchAndInstantiate('call_by_index.wasm').then(
        function(instance) {
            instance.exports.call_by_index(0);
```

```
    }
 );
```

在 JavaScript 中调用 call_by_index(0)，call_indirect 指令将按照签名 $type_0 调用$func1，而这显然是不匹配的——$func1 没有输入参数，控制台将输出以下信息：

```
Uncaught (in promise) RuntimeError: function signature mismatch
    at wasm-function[1]:5
    at http://127.0.0.1:8000/signature_mismatch.html:24:28
```

4.6.3 递归

WebAssembly 允许递归调用，例如：

```
;;recurse.wat
(module
    (func $sum (export "sum") (param $i i32) (result i32)
     (local $c i32)
        get_local $i
        i32.const 1
        i32.le_s
        if
            get_local $i
            set_local $c
        else
            get_local $i
            i32.const 1
            i32.sub
            call $sum
            get_local $i
            i32.add
            set_local $c
        end
        get_local $c
    )
)


//recurse.html
    fetchAndInstantiate('recurse.wasm').then(
```

```
        function(instance) {
            console.log(instance.exports.sum(10)); //55
        }
    );
```

$sum 函数递归调用自身，计算指定长度的自然数列的和。要谨慎使用递归函数，避免因为递归深度过深导致栈溢出。WebAssembly 并未规定栈的容量，不同的虚拟机实现可能有不同的最大栈尺寸。在笔者使用的 Chrome 环境中，如果输入参数大于 25241，上述程序即会引发栈溢出。各位读者不妨在自己的环境中测试一下上述程序的最大递归深度。

4.7 内存读写

本节将介绍在 WebAssembly 语言中如何操作内存。

4.7.1 内存初始化

在 3.5 节中，我们曾介绍过，内存可以在 WebAssembly 内部创建，语法为：

```
(memory initial_size)
```

参数 initial_size 为内存的初始容量，单位为页。

新建内存中所有字节的默认初值都是 0，我们可以用数据段（Data）来为它赋自定义的值。例如：

```
(module
    (memory 1)
    (data (offset i32.const 0) "hello")
)
```

实例化时，(data (offset i32.const 0) "hello")将在偏移 0 处存入字符串"hello"的字节码。(offset i32.const 0)表示起始偏移为 0，语句中的 offset 对象是可省略的，省略时默认偏移为 0。

多个 data 段之间可以重叠，在重叠部分，后声明的值会覆盖先声明的值。例如：

```
(module
    (memory 1)
```

```
    (data (i32.const 0) "hello")
    (data (i32.const 4) "u")
)
```

(data (i32.const 4) "u")在偏移为 4 处存入的字符"u"覆盖了之前的"o"，内存前 5 个字节变为"hellu"。

无论最终运行在哪种系统上，WebAssembly 固定使用小端序。下列语句将在偏移为 12 处存入 32 位整数 0x00123456：

```
(data (i32.const 12) "\56\34\12\00")
```

在函数体中，可以使用一系列 load/store 指令来按数据类型读写内存。

4.7.2   读取内存

读取内存中的数据时，需要先将内存地址（即欲读取的数据在内存中的起始偏移）压入栈中，然后调用指定类型的 load 指令，load 指令将地址弹出后，从内存中读取数据并压入栈上。例如，下列代码将从内存地址 12 处读入 i32 类型整数到栈上：

```
i32.const 12
i32.load
```

类似于 x86 的变址寻址，load 允许在指令中输入立即数作为寻址的额外偏移，例如下列代码与上面的例子是等价的：

```
i32.const 4
i32.load offset=8 align=4
```

offset=8 表示额外偏移为 8 字节，因此实际的有效地址仍然为 4+8=12。通过设置 offset 的方法，可以获得的最大有效地址为 2^{33}，但是按当前的标准，内存的最大容量仅为 2^{32} 字节（即 4 GB）。如果不显式声明 offset，则默认 offset 为 0。

align=4 是地址对齐标签，提示虚拟机按 4 字节对齐来读取数据，对齐数值必须为 2 的整数次幂，在当前的标准下，align 数值只能为 1、2、4、8。从内存中读取数据时，地址是否对齐并不会影响执行结果，但是会影响执行效率。

（1）如果要读取的数据的长度与 align 完全相等，且有效地址是 align 的整数倍，则执行效率最高。

（2）如果 align 小于要读取的数据的长度，且有效地址是 align 的整数倍，则执行效率较低。

（3）如果有效地址不是 align 的整数倍，则执行效率最低。

如果不显式地声明 align 值，则 align 默认与将要读取的数据长度一致。

WebAssembly 的 4 种数据类型分别有各自的内存读取指令与之一一对应，分别为 i32.load、f32.load、i64.load 和 f64.load。除此之外，某些情况下我们需要单独读取内存中的某些字节，或者某些字（双字节）等，为了满足这种"部分读取"的需求，WebAssembly 提供了以下指令。

- i32.load8_s：读取 1 字节，并按有符号整数扩展为 i32（符号位扩展至最高位，其余填充 0）。
- i32.load8_u：读取 1 字节，并按无符号整数扩展为 i32（高位填充 0）。
- i32.load16_s：读取 2 字节，并按有符号整数扩展为 i32（符号位扩展至最高位，其余填充 0）。
- i32.load16_u：读取 2 字节，并按无符号整数扩展为 i32（高位填充 0）。
- i64.load8_s：读取 1 字节，并按有符号整数扩展为 i64（符号位扩展至最高位，其余填充 0）。
- i64.load8_u：读取 1 字节，并按无符号整数扩展为 i64（高位填充 0）。
- i64.load16_s：读取 2 字节，并按有符号整数扩展为 i64（符号位扩展至最高位，其余填充 0）。
- i64.load16_u：读取 2 字节，并按无符号整数扩展为 i64（高位填充 0）。
- i64.load32_s：读取 4 字节，并按有符号整数扩展为 i64（符号位扩展至最高位，其余填充 0）。
- i64.load32_u：读取 4 字节，并按无符号整数扩展为 i64（高位填充 0）。

4.7.3 写入内存

写入内存使用 store 指令，使用时，先将内存地址入栈，然后将数据入栈，调用 store，例如下列代码在内存偏移 12 处存入了 i32 类型的 42：

```
i32.const 12 ;;address
i32.const 42 ;;value
i32.store
```

与 load 一样，store 指令可以额外指定地址偏移量和对齐值，二者使用方法雷同，例如：

```
i32.const 4  ;;address
i32.const 42 ;;value
i32.store offset=8 align=4
```

除 i32.store、f32.store、i64.store 和 f64.store 这 4 个基本类型指令外，
WebAssembly 还提供了一组部分写入指令。

- i32.store8：i32 整数低 8 位写入内存（写入 1 字节）。
- i32.store16：i32 整数低 16 位写入内存（写入 2 字节）。
- i64.store8：i64 整数低 8 位写入内存（写入 1 字节）。
- i64.store16：i64 整数低 16 位写入内存（写入 2 字节）。
- i64.store32：i64 整数低 32 位写入内存（写入 4 字节）。

4.7.4 获取内存容量及内存扩容

内存的当前容量可以用 memory.size 指令获取。例如：

```
(func $mem_size (result i32)
    memory.size
)
```

memory.grow 指令可用于内存扩容。该指令从栈上弹出欲扩大的容量（i32 类型），
如果执行成功，则将扩容前的容量压入栈，否则将-1 压入栈。例如：

```
;;grow_size.wat
(module
    (memory 3)
    (func (export "size") (result i32)
        memory.size
    )
    (func (export "grow") (param i32) (result i32)
        get_local 0
        memory.grow
    )
)


fetchAndInstantiate('grow_size.wasm').then(
    function(instance) {
        console.log(instance.exports.size());  //3
        console.log(instance.exports.grow(2)); //3
```

```
            console.log(instance.exports.size());  //5
        }
    );
```

4.8 控制流

控制流指令指的是改变代码执行顺序，使其不再按照声明的顺序线性执行的一类特殊的指令。事实上，之前章节介绍过的函数调用指令 call/call_indirect 也属于控制流指令。本节将介绍剩余的用于函数体内部的控制流指令。

4.8.1 nop 和 unreachable

首先介绍两个特殊的控制流指令，即 nop 和 unreachable。

nop 指令什么也不干——是的，就是字面上的意思。

unreachable 指令字面上的意思是"不应该执行到这里"，实际作用也很相似，当执行到 unreachable 指令时，会抛出 WebAssembly.RuntimeError。该语句常见的用法是在意料之外的执行路径上设置中断，类似于 C++的 assert(0)。

4.8.2 block 指令块

block、loop 和 if 这 3 条指令被称为结构化控制流指令，它们的特征非常明显：这些指令不会单独出现，而是和 end、else 成对或者成组出现。例如：

```
block
    i32.const 42
    set_local $answer
end
```

block、end 以及被它们包围起来的两条指令构成了一个整体，我们称之为一个指令块。end 指令的作用是标识出指令块的结尾，除此之外它没有实际操作。对 block 指令块来说，倘若其内部没有跳转指令（br、br_if、br_table 和 return），则顺序执行指令块中的指令，然后继续执行指令块的后续指令（即 end 后的指令）。

指令块与无参数的函数颇为相似，这种相似性，体现在以下两点。

（1）从逻辑上来说，指令块拥有自己独立的栈帧。

（2）指令块可以有返回值，当指令块执行完毕时，其栈状态必须与它声明的返回值相匹配。

下列例子可以证明第一点：

```
i32.const 13
block
    drop ;;pop 13? error!
end
```

drop 指令用于从栈中弹出一个值（即丢弃一个值）。代码表面上看起来没有问题，实际上无法通过静态合法性检查，错误信息如下：

```
error: type mismatch in drop, expected [any] but got []
   drop
   ^^^^
```

这意味着当程序执行刚进入指令块内时，在指令块内部看来，栈是空的！

关于第二点，再来看一个例子：

```
block
    i32.const 42
end
```

不出所料，上述代码无法通过合法性检查，出错信息与同类型的错误函数（即无返回值的函数在栈上保留了返回值）如出一辙：

```
error: type mismatch in block, expected [] but got [i32]
 end
 ^^^
```

当我们以看待函数的方式来看待指令块时，这一切就容易理解了。为何 WebAssembly 使用了这种设计方式？答案是为了维持栈平衡。在条件分支指令 if 和循环指令 loop 构成的指令块中，指令块的执行路径是动态的，如果指令块没有独立的栈，将使得栈的合法性检查变得异常困难（某些情况下甚至根本不可能）；而指令块函数化的设计，在简化了合法性检查的同时，保持了整个体系结构的优雅。

为指令块声明返回值的方法与函数一样，都是增加 result 属性声明，例如：

```
block (result i32)
    i32.const 13
end ;;get 13 on the stack
```

上述指令块执行完毕后，栈上增加了一个 i32 的值，这与调用了一个无参数且返回值为 i32 的函数相比，对栈的影响是一致的。目前 WebAssembly 不允许函数有多返回值，这一限制对指令块同样成立。

除栈之外，指令块可以访问其所在函数能访问的所有资源——局部变量、内存和表格等，也可以调用其他函数，例如：

```
(func $sum (param $a i32) (param $b i32) (result i32)
    get_local $a
    get_local $b
    i32.add
)
(func $sum_mul2 (param $a i32) (param $b i32) (result i32)
    block (result i32)
        get_local $a
        get_local $b
        call $sum
        i32.const 2
        i32.mul
    end
)
```

上述代码中，block 指令块中读取了函数的局部变量，调用了 $sum 函数。

4.8.3　if 指令块

与大多数语言类似，if 指令可以搭配 else 指令形成典型的 if/else 条件分支语句：

```
if
<BrunchA>
else
<BrunchB>
end
```

if 指令先从栈中弹出一个 i32 的值；如果该值不为 0，则执行分支 BrunchA；若该值为 0，则执行分支 BrunchB。例如：

```
(func $func1(param $a i32) (result i32)
    get_local $a
    if (result i32)
```

```
        i32.const 13
    else
        i32.const 42
    end
)
```

上述代码中，如果调用 $func1 时输入参数不为 0，则返回 13，否则返回 42。

4.8.4　**loop** 指令块

对 loop 指令块来说，如果指令块内部不含跳转指令，那么 loop 指令块的行为与 block 指令块的行为是一致的。例如：

```
(func $func1 (result i32)
    (local $i i32)
    i32.const 12
    set_local $i
    loop
        get_local $i
        i32.const 1
        i32.add
        set_local $i
    end
    get_local $i
)
```

上述代码中，loop 指令块只会被执行一次，函数的 $func1 的返回值是 13。loop 指令块与 block 指令块的区别将在 4.8.6 节中介绍。

4.8.5　指令块的 **label** 索引及嵌套

指令块是可以嵌套的，例如：

```
if                  ;;lable 2
    nop
    block           ;;label 1
        nop
        loop        ;;label 0
            nop
```

```
        end         ;;end of loop-label 0
    end             ;;end of block-label 1
end                 ;;end of if-label 2
```

每个指令块都被隐式地赋予了一个 label 索引。大多数对象的索引是以声明顺序递增的（如函数索引），而 label 索引有所不同：label 索引是由指令块的嵌套深度决定的，位于最内层的指令块索引为 0，每往外一层索引加 1。例如，在上述代码中，loop、block、if 指令块的 label 索引分别为 0、1、2。与其他对象类似，label 也可以命名：

```
if $L1
    nop
    block $L2
        nop
        loop $L3
            nop
        end         ;;end of $L3
    end             ;;end of $L2
end                 ;;end of $L1
```

label 的用处是作为跳转指令的跳转目标。

4.8.6 **br**

跳转指令共有 4 条，即 br、br_if、br_table 和 return。

我们先来看无条件跳转指令 br，指令格式：

```
br L
```

br 指令的基本作用是跳出指令块，由于指令块是可以嵌套的，br 指令的参数 L 指定了跳出的层数：如果 L 为 0，则跳转至当前指令块的后续点，如果 L 为 1，则跳转至当前指令块的父指令块的后续点，依此类推，L 每增加 1，多向外跳出一层。

block 指令块和 if 指令块的后续点是其结尾，例如：

```
block (result i32)
    i32.const 13
    br 0
    drop
    i32.const 42
end
```

在上述代码中，br 0 直接跳转至了 end 处，后续的 drop、i32.const 42 都被略过了，因此指令块的返回值是 13。

而 loop 指令块的后续点则是其开始处。例如：

```
(func $func1 (result i32)
    (local $i i32)
    i32.const 12
    set_local $i
    loop
        get_local $i
        i32.const 1
        i32.add
        set_local $i
        br 0
    end
    get_local $i
)
```

在上述代码中，br 0 跳转到了 loop 处，因此实际上上述 loop 指令块是个无法结束的死循环。直观上来说，br 在 block 指令块和 if 指令块中的作用类似于 C 语言的 break，而 br 在 loop 指令块中的作用类似于 continue。

下面的例子展示了多级跳出的用法：

```
(func (result i32)
    (local $i i32)
    i32.const 12
    set_local $i
    block                   ;;label 1
        loop                ;;label 0
            get_local $i
            i32.const 1
            i32.add
            set_local $i
            br 1
        end                 ;;end of loop
    end                     ;;end of block,"br 1"jump here
    get_local $i
)
```

br 1 向外跳出 2 层，跳转到了 block 指令块的后续点（即第二个 end 处），进而使上述函数返回 13。使用 br 指令时，也可以将 label 的别名直接作为跳转目标。例如，下列代码与上述例子是等价的：

```
(func (result i32)
 (local $i i32)
    i32.const 12
    set_local $i
    block $L1
        loop
            get_local $i
            i32.const 1
            i32.add
            set_local $i
            br $L1
        end
    end                     ;;end of $L1,"br $L1"jump here
    get_local $i
)
```

4.8.7 `br_if`

`br_if` 指令格式：

```
br_if L
```

`br_if` 与 `br` 大体上是相似的，区别是 `br_if` 执行时，会先从栈上弹出一个 i32 类型的值，如果该值不为 0，则执行 `br L` 的操作，否则执行后续操作。例如：

```
(func (param $i i32) (result i32)
    block (result i32)
        i32.const 13
        get_local $i
        i32.const 5
        i32.gt_s
        br_if 0
        drop            ;;drop 13
        i32.const 42
    end
)
```

在上述代码中，如果$i 大于 5，将导致 `br_if 0` 跳转至 end，指令块返回预先放在栈上的 13；如果$i 小于等于 5，`br_if 0` 无效，后续指令将丢弃之前放在栈上的 13，返回 42。

4.8.8 `return`

return 指令用于跳出至最外层的结尾（即函数结尾）处，其执行效果等同于直接返回。例如：

```
(func (result i32)
    block (result i32)
        block (result i32)
            block (result i32)
                i32.const 4
                return            ;;return 4
            end
            drop
            i32.const 5
        end
        drop
        i32.const 6
    end
    drop
    i32.const 7
)
```

在上述代码中，return 直接跳至函数结尾处，函数返回值为 4。

4.8.9 `br_table`

br_table 指令较为复杂，指令格式为：

```
br_table L[n] L_Default
```

L[n] 是一个长度为 n 的 label 索引数组，br_table 执行时，先从栈上弹出一个 i32 类型的值 m，如果 m 小于 n，则执行 br L[m]，否则执行 br L_Default。例如：

```
;;br_table.wat
(module
    (func (export "brTable")(param $i i32) (result i32)
        block
            block
                block
                    get_local $i
```

```
                    br_table 2 1 0
                end
                i32.const 4
                return
            end
            i32.const 5
            return
        end
        i32.const 6
    )
)
```

br_table 0 1 2 根据$i 的值选择跳出的层数：$i 等于 0 时跳出 2 层，$i 等于 1 时跳出 1 层，$i 大于等于 2 时跳出 0 层。跳出 0、1、2 层时，函数$brTable 分别返回 4、5、6。在 JavaScript 中调用：

```
//br_table.html
    fetchAndInstantiate('br_table.wasm').then(
        function(instance) {
            console.log(instance.exports.brTable(0)); //6
            console.log(instance.exports.brTable(1)); //5
            console.log(instance.exports.brTable(2)); //4
            console.log(instance.exports.brTable(3)); //4
        }
    );
```

控制台输出如下：

```
6
5
4
4
```

4.9　导入和导出

在第 2 章和第 3 章中，我们已经陆续介绍过一些导入/导出的例子，本节将对导入/导出进行系统归纳。

4.9.1　导出对象

WebAssembly 中可导出的对象包括内存、表格、函数、只读全局变量。若要导出某个对象，只需要在该对象的类型后加入 (export "export_name") 属性即可。
WebAssembly 代码如下：

```
;;exports.wat
(module
    (func (export "wasm_func") (result i32)
        i32.const 42
    )
    (memory (export "wasm_mem") 1)
    (table (export "wasm_table") 2 anyfunc)
    (global (export "wasm_global_pi") f32 (f32.const 3.14159))
)
```

JavaScript 代码如下：

```
//exports.html
fetch("exports.wasm").then(response =>
    response.arrayBuffer()
).then(bytes =>
    WebAssembly.instantiate(bytes)
).then(results =>{
        var exports = WebAssembly.Module.exports(results.module);
        for (var e in exports) {
            console.log(exports[e]);
        }
        console.log(results.instance.exports);
        console.log(results.instance.exports.wasm_func());
        console.log(results.instance.exports.wasm_global_pi);
        console.log(typeof(results.instance.exports.wasm_global_pi));
    }
);
```

上述 JavaScript 程序将.wasm 编译后，使用 WebAssembly.Module.exports()
方法获取了模块的导出对象信息，并输出了实例的 exports 属性，如下：

```
{name: "wasm_func", kind: "function"}
{name: "wasm_mem", kind: "memory"}
{name: "wasm_table", kind: "table"}
{name: "wasm_global_pi", kind: "global"}
{wasm_func: ƒ, wasm_mem: Memory, wasm_table: Table, wasm_global_pi: 3.141590118408203}
wasm_func:ƒ 0()
wasm_global_pi:3.141590118408203
```

```
wasm_mem:Memory {}
wasm_table:Table {}
42
3.141590118408203
number
```

注意，模块的导出信息只包含了导出对象的名字和类别，实际的导出对象必须通过实例的 exports 属性访问。

在所有的导出对象中，导出函数使用频率最高，它是 JavaScript 访问 WebAssembly 模块提供的功能的入口。导出函数中封装了实际的 WebAssembly 函数，调用导出函数时，虚拟机会按照函数签名执行必要的类型转换、参数初始化，然后调用 WebAssembly 函数并返回调用结果。导出函数使用起来与正常的 JavaScript 方法别无二致，区别只是函数体的实际执行是在 WebAssembly 中。除了通过实例的 exports 属性获取导出函数，还可以通过表格的 get() 方法获取已被存入表格中的函数（见 3.6 节）。

在.wat 中声明导出对象时，除了在对象类型后加入 export 属性，还可以通过单独的 export 结点声明导出对象，二者是等价的。例如：

```
(module
    (func (result i32)
        i32.const 42
    )
    (memory 1)
    (table $t 2 anyfunc)
    (global $g0 f32 (f32.const 3.14159))
    (export "wasm_func" (func 0))
    (export "wasm_mem" (memory 0))
    (export "wasm_table" (table $t))
    (export "wasm_global" (global $g0))
)
```

为了保持书写和阅读的便利性，本书在声明导出对象时使用的均为在对象类型后加入 export 属性的简略写法。

4.9.2 导入对象

与可导出的对象类似，WebAssembly 中的可导入对象包括内存、表格、函数、只读全局变量。下列例子依次展示了各种对象的导入方法：

```
(module
    (import "js" "memory" (memory 1))                          ;;import Memory
    (import "js" "table" (table 1 anyfunc))                    ;;import Table
    (import "js" "print_i32" (func $js_print_i32 (param i32))) ;;import Fucntion
    (import "js" "global_pi" (global $pi f32))                 ;;import Global
)
```

注意，由于导入函数必须先于内部函数定义，因此习惯上导入对象一般在 module 的开始处声明。

与导出对象类似，使用 WebAssembly.Module.imports() 可以获取模块的导入对象信息。例如：

```
fetch("imports.wasm").then(response =>
    response.arrayBuffer()
).then(bytes =>
    WebAssembly.compile(bytes)
).then(module =>{
        var imports = WebAssembly.Module.imports(module);
        for (var e in imports) {
            console.log(imports[e]);
        }
    }
);
```

运行后控制台将输出：

```
{module: "js", name: "memory", kind: "memory"}
{module: "js", name: "table", kind: "table"}
{module: "js", name: "print_i32", kind: "function"}
{module: "js", name: "global_pi", kind: "global"}
```

import 结点使用了两级名字空间的方式对外部导入的对象进行识别，第一级为模块名（即上例中的 js），第二级为对象名（即上例中的 memory、table 等）。导入对象是在实例化时导入实例中去的，在 JavaScript 的环境下，如果导入对象为 importObj，那么(import "m" "n"...)对应的就是 importObj.m.n。例如，上述 imports.wasm 模块实例化时应提供的导入对象如下：

```
function js_print_i32(param){
    console.log(param);
}
var memory = new WebAssembly.Memory({initial:1, maximum:10});
```

```
var table = new WebAssembly.Table({element:'anyfunc', initial:2});
var importObj = {js:{print_i32:js_print_i32, memory:memory, table:table, global
_pi:3.14}};
fetchAndInstantiate("imports.wasm", importObj).then(instance =>
    console.log(instance)
);
```

与导出函数相对应，导入的作用是让 WebAssembly 调用外部对象。WebAssembly 代码调用导入对象时，虚拟机同样执行了参数类型转换、参数和返回值的出入栈等操作，因此导入函数的调用方法与内部函数是一致的，例如：

```
;;imports.wat
(module
    (import "js" "print_f32" (func $js_print_f32 (param f32) (result f32)))
    (import "js" "global_pi" (global $pi f32))
    (func (export "print_pi") (result f32)
        get_global $pi
        call $js_print_f32
    )
)
```

print_pi()函数读取了导入的只读全局变量$pi 并压入栈中，然后调用了导入函数$js_print_f32，并将其返回值一并返回。

```
//imports.html
    function js_print_f32(param){
        console.log(param);
        return param * 2.0;
    }
    var importObj = {js:{print_f32:js_print_f32, global_pi:3.14}};
    fetchAndInstantiate("imports.wasm", importObj).then(
        function(instance) {
            console.log(instance.exports.print_pi());
        }
    );
```

在 JavaScript 的部分，将 js_print_f32()方法通过 importObj.js.print_f32 导入了 WebAssembly，注意我们特意将其参数乘 2 后返回。上述程序运行后控制台输出：

```
3.140000104904175
6.28000020980835
```

内存和表格的导入在 3.5 节和 3.6 节已经作过详细介绍，本节不再赘述。

通过导入函数，WebAssembly 可以调用外部 JavaScript 环境中的方法，执行读写 DOM 等操作。

> **提示** 假如把 WebAssembly 看作 CPU，那么导入/导出对象可以看作 CPU 的 I/O 接口。

4.10 `start()`函数及指令折叠

本节将介绍 WebAssembly 中 `start()` 函数的使用以及文本格式指令折叠书写法。

4.10.1 `start()`函数

有时候我们希望模块在实例化后能够立即执行一些启动操作，此时可以使用 `start()` 函数。例如：

```
;;start.wat
(module
    (start $print_pi)
    (import "js" "print_f32" (func $js_print_f32 (param f32)))
    (func $print_pi
        f32.const 3.14
        call $js_print_f32
    )
)
```

`start` 后的函数 `$print_pi` 在实例化后将自动执行。

下面的 JavaScript 代码仅仅创建了 `start.wasm` 的实例，没有调用实例的任何函数：

```
//start.html
    function js_print_f32(param){
        console.log(param);
    }
    var importObj = {js:{print_f32:js_print_f32}};
    console.log("fetchAndInstantiate()");
    fetchAndInstantiate("start.wasm", importObj).then(
    );
```

控制台输出为:

```
fetchAndInstantiate()
3.140000104904175
```

start 段引用的启动函数不能包含参数,不能有返回值,否则无法通过静态检测。

4.10.2 指令折叠

在之前的章节中,我们书写函数体中的指令时,是按照每条指令一行的格式来书写的。除此之外,指令还可以 S-表达式的方式进行书写,指令的操作数可以使用括号嵌套折叠其中。例如:

```
i32.const 13
get_local $x
i32.add
```

与

```
(i32.add (i32.const 13) (get_local $x))
```

是等价的。指令可以嵌套折叠,折叠后的执行顺序为从内到外,从左到右。例如:

```
i32.const 13
get_local $x
i32.add
i32.const 5
i32.mul
```

与

```
(i32.mul (i32.add (i32.const 13) (get_local $x)) (i32.const 5))
```

是等价的。

结构化控制流指令也是可以折叠的,折叠后无须再写对应的 end 指令。例如:

```
block $label1 (result i32)
    i32.const 13
    get_local $x
    i32.add
end
```

与

```
(block $label1 (result i32) (i32.add (i32.const 13) (get_local $x)))
```

是等价的。

略有不同的是 if 指令块，if 分支必须折叠为 then。例如：

```
if $label1 (result i32)
    i32.const 13
else
    i32.const 42
end
```

折叠后为

```
(if $label1 (result i32) (then (i32.const 13)) (else (i32.const 42)))
```

注意，指令折叠只是语法糖，过度使用不仅不会提高可读性，相反，嵌套层数过多时会增加阅读难度。

第 5 章

WebAssembly 二进制格式

自从招来个会 WebAssembly 的应届生，老板把 Java 程序员和 PHP 程序员都开除了。

——carr123

WebAssembly 不仅仅提供了运行时指令规范，还提供了模块的二进制封装规范。如果希望为 WebAssembly 提供静态分析调试工具，那么必须要了解 WebAssembly 的二进制格式。同时，如果需要从其他代码输出 WebAssembly 模块，也可以直接输出二进制格式。我们希望读者不要将自己仅仅定位为使用者，也可以是 WebAssembly 实现者。

5.1 LEB128 编码

LEB128 编码是一种使用广泛的可变长度编码格式，在 DWARF 调试格式信息、Android 的 Dalvik 虚拟机、xz 压缩文件等诸多领域中都有广泛使用。WebAssembly 二进制文件中也使用 LEB128 编码表示整数和字符串长度等信息，因此需要先了解 LEB128 编码的格式。

5.1.1 LEB128 编码原理

LEB128 是 Little Endian Base 128 的缩写，这是一种基于小端序表示的 128 位、可变长度的编码格式。LEB128 编码的核心思想主要有两点：一是采用小端序表示编码数据；

二是采用一百二十八进制编码数据。

在主流的编程语言中，一个整型数一般采用本地机器序表示，同时每个字节 8 位（bit）用于表达二百五十六进制的一个数位。如果每个字节只用于表达 LEB128 的一百二十八进制的一个数位，那么将只需要使用 7 位。LEB128 将每个字节剩余的 1 位用于表达是否终结的标志位，如果标志位为 1 表示编码数据还没有结束，如果标志位为 0 则表示编码已经结束。

对于一个 32 位的整数，LEB128 编码后的数据长度最小为一个字节，最多为 5 字节。对于小于 128 大小的数字，LEB128 编码只需要一个字节就可以表示。而对于一个大于 2^{28} 的 int32 类型的整数，则需要 5 字节才能表示。对小数据的编码更友好是大多数的变长编码的共有特性。即使对于 64 位整数，LEB128 编码依然采用的是相同的规则，唯一的区别是可以用于大于 32 位的整数而已。

在 LEB128 编码中还分为无符号数的 LEB128 编码和有符号数的 LEB128 编码。同一份数据，编码和解码时需要采用相同的符号处理规则。

5.1.2 无符号数的 LEB128 编码

对于无符号数的 LEB128 编码，首先以 2^7 对应的一百二十八进制数表示。然后从个位数开始，依次将每个数位加 128 作为编码的一字节。如果是最高位，则不需要加 128，直接对应一字节的编码数据。

我们以一个无符号的十进制数 624485 为例，演示如何编码为 LEB128 变长格式，具体步骤如下。

（1）将 624485 写为二进制格式的 10011000011101100101，共有 20 位。

（2）在左端填充一定数目的 0，让二进制位数满足是 7 的倍数，现在是 0100110000 11101100101。

（3）7 位为一组，将 010011000011101100101 分为 3 组，分别是 0100110、0001110 和 1100101。

（4）在每一组 7 位的左边填充一位变为 8 位，左边第一组用 0 填充，其他的用 1 填充，填充后的 3 组 8 位数据为 00100110、10001110 和 11100101。

（5）3 组数据对应十六进制 0xE5、0x8E 和 0x26。

（6）最后 3 组数据逆序，数位最低的 0x26 最先编码。

因此最终输出的 [0xE5 0x8E 0x26] 就是十进制数 624485 的 LEB128 编码。

5.1.3　有符号数的 LEB128 编码

有符号数的 LEB128 编码是建立在无符号数的 LEB128 编码基础之上的。首先将有符号数的二进制位取反后加 1 得到补码表示，然后作为无符号数进行 LEB128 编码。在补码表示中，正数的补码还是自身。在主流的编程语言中，通常都采用补码表示有符号数，因此有符号数的 LEB128 编码直接解码为有符号数即可使用。

5.2　头部和段数据

头部和段数据是一个 WebAssembly 模块二进制文件最外层的结构。头部标识 WebAssembly 模块和版本信息，段数据则是保存各种模块数据。

5.2.1　头部

WebAssembly 以模块为基本单元，而最简单的模块可以没有任何代码：

```
(module)
```

用 wat2wasm 将上述 WebAssembly 汇编代码编译为二进制模块：

```
$ wat2wasm empty.wast -v
0000000: 0061 736d                               ; WASM_BINARY_MAGIC
0000004: 0100 0000                               ; WASM_BINARY_VERSION
```

其中-v 参数表示输出相关的汇编信息。开头的 4 字节分别为 0x00、0x61、0x73 和 0x6d，对应"\0asm"字符串魔数。后边的 4 字节则是当前 WebAssembly 文件的版本，目前只有版本 1。

5.2.2　段类型列表

模块主体由多个段组成，段数据包含了模块段全部信息。WebAssembly 规范为每个不同段分配了一个唯一段 ID，如表 5-1 所示。

表 5-1

ID	段
0	自定义段（Custom）
1	类型段（Type）
2	导入段（Import）
3	函数段（Function）
4	表格段（Table）
5	内存段（Memory）
6	全局段（Global）
7	导出段（Export）
8	开始段（Start）
9	元素段（Elem）
10	代码段（Code）
11	数据段（Data）

WebAssembly 二进制规范中的段和汇编语言中的概念基本是对应的关系。其中只有自定义段和代码段在汇编语言中没有对应的关键字，自定义段主要用于保存调试符号等和运行无关的信息，而代码段用于保存函数的代码。每种 ID 对应的段最多出现一次，我们只需要记住不同段是根据 ID 区分的就可以了。

5.2.3　段数据结构

为了研究段数据段组织方式，我们在前一节空模块的基础上再增加一个简单的函数：

```
(module
    (func (result i32)
        i32.const 42
    )
)
```

模块中唯一的函数没有输入参数，只返回一个整数常量。然后再通过 wat2wasm 命令查看生成的二进制数据：

```
$ wat2wasm simple.wat -v
0000000: 0061 736d                                ; WASM_BINARY_MAGIC
0000004: 0100 0000                                ; WASM_BINARY_VERSION
```

```
; section "Type" (1)
0000008: 01                                      ; section code
0000009: 00                                      ; section size (guess)
000000a: 01                                      ; num types
; type 0
000000b: 60                                      ; func
000000c: 00                                      ; num params
000000d: 01                                      ; num results
000000e: 7f                                      ; i32
0000009: 05                                      ; FIXUP section size
; section "Function" (3)
000000f: 03                                      ; section code
0000010: 00                                      ; section size (guess)
0000011: 01                                      ; num functions
0000012: 00                                      ; function 0 signature index
0000010: 02                                      ; FIXUP section size
; section "Code" (10)
0000013: 0a                                      ; section code
0000014: 00                                      ; section size (guess)
0000015: 01                                      ; num functions
; function body 0
0000016: 00                                      ; func body size (guess)
0000017: 00                                      ; local decl count
0000018: 41                                      ; i32.const
0000019: 2a                                      ; i32 literal
000001a: 0b                                      ; end
0000016: 04                                      ; FIXUP func body size
0000014: 06                                      ; FIXUP section size
$
```

忽略模块头部信息，根据注释可以发现二进制模块中含有 3 个段，分别是 Type、Function 和 Code，其中类型段从 0000008 位置开始，第一个字节 01 为段 ID；函数段从 000000f 位置开始，第一个字节 03 为段 ID；代码段从 0000013 开始，第一个字节 0a 为段 ID。每个段 ID 的后面跟着的是后续段数据的长度。

我们以类型段为例分析段数据编码方式：

```
; section "Type" (1)
0000008: 01                                      ; section code
0000009: 00                                      ; section size (guess)
000000a: 01                                      ; num types
; type 0
```

```
000000b: 60                                          ; func
000000c: 00                                          ; num params
000000d: 01                                          ; num results
000000e: 7f                                          ; i32
0000009: 05                                          ; FIXUP section size
```

类型段 ID 在 0000008 位置，后面开始的是段数据的长度，0000009 位置是 00。但是请注意，0000009 出现了两次，最后面的 0000009 位置出现的 05 才是段的真实的长度。因此从 000000a 位置开始的 [01 60 00 01 7f] 才是类型段的真实数据。段数据的信息和不同段类型有关系，我们目前先忽略段数据内部的结构。

5.3 内存段和数据段

在 WebAssembly 1.0 草案中，每个模块可以有一个内存段（Memory），以后可能支持多个内存。内存段是 WebAssembly 运行时段核心，它与导入段（Import）、导出段（Export）和数据段（Data）的关系如图 5-1 所示。

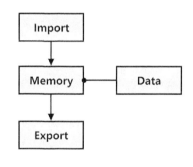

图 5-1

内存段用于存储程序的运行时动态数据，数据段用于存储初始化内存的静态数据。内存可以从外部宿主导入，同时内存对象也可以导出到外部宿主环境。

5.3.1 内存段

为了研究内存段（Memory）的数据编码结构，我们先构造一个简单的测试程序：

```
(module (memory 1 2))
```

其中内存的初始大小为 1 页（1 页大小为 64 KB），内存最大可以扩展到 2 页。如果省略了内存最大的容量，则最大容量受内存地址寻址范围限制（i32 类型的基地址加 i32 类型的偏移地址组成 33 位的寻址空间）。

我们先查看生成的二进制数据：

```
; section "Memory" (5)
0000008: 05                                        ; section code
0000009: 00                                        ; section size (guess)
000000a: 01                                        ; num memories
; memory 0
000000b: 01                                        ; limits: flags
000000c: 01                                        ; limits: initial
000000d: 02                                        ; limits: max
0000009: 04                                        ; FIXUP section size
```

内存段的 ID 为 05，段数据的长度 04，段数据的内容是：

```
0000011: 01                                        ; num memories
; memory 0
0000012: 01                                        ; limits: flags
0000013: 01                                        ; limits: initial
0000014: 02                                        ; limits: max
```

第一个元素为内存对象的个数，目前最多只能定义一个内存对象，后面是每个内存对象限制信息，结构如表 5-2 所示。

表 5-2

字 段 描 述	数 值	注 释
标志	0 或 1	0 没有最大值，1 有最大值
初始大小	LEB128 编码的 uint32	内存的初始页数
最大值	LEB128 编码的 uint32	可以省略

因此从二进制数据中可得知：标志为 1 表示有最大值；内存的初始化值为 1 页；内存的最大容量为 2 页。

5.3.2 数据段

在前面的例子中，因为内存并没有显式地初始化，因此生成的二进制文件中并没有数据段（Data）信息。在下面的例子中，我们用"hello"字符串初始化内存：

```
(module
    (memory 1 2)
    (data (offset i32.const 0) "hello")
)
```

重新生成二进制模块，将发现新的数据包含了数据段：

```
; section "Data" (11)
000000e: 0b                                      ; section code
000000f: 00                                      ; section size (guess)
0000010: 01                                      ; num data segments
; data segment header 0
0000011: 00                                      ; memory index
0000012: 41                                      ; i32.const
0000013: 00                                      ; i32 literal
0000014: 0b                                      ; end
0000015: 05                                      ; data segment size
; data segment data 0
0000016: 6865 6c6c 6f                            ; data segment data
000000f: 0b                                      ; FIXUP section size
```

内存段的 ID 为 0b 表示数据段，段数据的长度 0b。数据段类似一个存储 Data 指令的数组，目前数据段只有一个 data 指令。在 data 指令的开头 00 表操作的是第 0 个 Memory 对象，然后是表示 offset 的指令，最后是用于初始化段字符串数据。

5.4 表格段和元素段

在 WebAssembly 1.0 草案中，每个模块可以有一个表格段（Table），以后可能支持多个表格。表格段与导入段（Import）、导出段（Export）和元素段（Elem）的关系如图 5-2 所示。

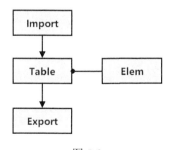

图 5-2

表格段可以保存对象引用，因此通过表格段可以实现函数指针的功能，表格对象可以从外部宿主导入，同时表格对象也可以导出到外部宿主环境。

5.4.1　表格段

为了研究表格段（Table）的数据编码结构，我们先构造一个简单的测试程序：

```
(module
    (table 3 4 anyfunc)
)
```

再查看表格段生成的二进制数据：

```
; section "Table" (4)
0000008: 04                              ; section code
0000009: 00                              ; section size (guess)
000000a: 01                              ; num tables
; table 0
000000b: 70                              ; anyfunc
000000c: 01                              ; limits: flags
000000d: 03                              ; limits: initial
000000e: 04                              ; limits: max
0000009: 05                              ; FIXUP section size
```

表格段的第一个元素依然是表格对象的个数，目前最多只能有一个表格对象，但是以后可能支持多个表格对象。

表格对象信息结构如表 5-3 所示。

表 5-3

字 段 描 述	数　　值	注　　释
元素类型	0x70	目前只有函数类型
标志	0 或 1	0 没有最大值，1 有最大值
初始大小	LEB128 编码的 uint32	表格的初始容量
最大值	LEB128 编码的 uint32	可以省略

Table 对象信息结构中，第一个部分是元素的类型，目前只有函数一种类型。后续部分是 Table 对象的容量限制，和内存段的个数类似。

二进制数据中可得知：标志为 1 表示有最大值，初始化元素容量为 3，最大可以扩展到 4 个元素的容量。

5.4.2　元素段

在前面的例子中，因为表格并没有显式地初始化，因此生成的二进制文件中并没有元素段（Elem）信息。在下面的例子中，我们用两个函数初始化表格：

```
(module
    (table 2 anyfunc)
    (elem (i32.const 0) $foo $bar)

    (func$foo)
    (func $bar)
)
```

重新生成二进制模块，将发现新的数据包含了元素段：

```
; section "Elem" (9)
000001a: 09                                    ; section code
000001b: 00                                    ; section size (guess)
000001c: 01                                    ; num elem segments
; elem segment header 0
000001d: 00                                    ; table index
000001e: 41                                    ; i32.const
000001f: 00                                    ; i32 literal
0000020: 0b                                     ; end
0000021: 02                                     ; num function indices
0000022: 00                                     ; function index
0000023: 01                                     ; function index
000001b: 08                                    ; FIXUP section size
```

段的 ID 为 09 表示元素段，段数据的长度 08。元素段类似一个存储 elem 指令的数组，目前的元素段只有一个 elem 指令。在 elem 指令的开头 00 表示操作的是第 0 个表格对象，然后是表示 offset 的指令，最后用于初始化表格的函数索引 00 和 01 表示$foo 和$bar 两个函数。

5.5　开始段和函数索引

开始段（Start）用于为 WebAssembly 模块指定一个在加载时自动运行的函数。

Start 函数类似于很多高级语言中包或模块的初始化函数。目前每个 WebAssembly 最多只能指定一个函数，如图 5-3 所示。

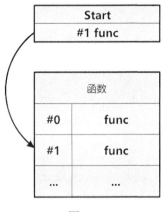

图 5-3

在二进制模块中开始段保存的是启动函数的索引。启动函数不能有参数和返回值，否则将出现编译错误。

5.5.1　开始段

为了研究开始段（Start）的数据编码结构，我们先构造一个简单的测试程序：

```
(module
    (start 0) ;;$main index is 0
    (func $main)
)
```

WebAssembly 模块中，函数的索引从 0 开始。改测试代码中指定第 0 号函数为 start() 函数，第 0 号函数就是 $main 函数（也可以使用 $main 代替索引）。

查看开始段生成的二进制数据：

```
; section "Start" (8)
0000012: 08                                    ; section code
0000013: 00                                    ; section size (guess)
0000014: 00                                    ; start func index
0000013: 01                                    ; FIXUP section size
```

段 ID 为 08 表示开始段，段数据的长度为 01。开始段的数据最多只有一个 i32 类型段数据,表示 start() 函数的索引。如果开始段不存在或者段的数据的长度为 0,则表示没有 start() 函数。在这个例子中,start() 函数是第 0 号函数,对应$main 函数。

5.5.2 函数索引

在正常的编程中,我们推荐通过函数的别名而不是函数索引来引用函数。不过,为了研究 WebAssembly 模块的二进制格式,我们需要先理解函数索引的生成方式。

如果模块导入了两个函数,内部定义了两个函数,那么将以图 5-4 的方式生成函数的索引。

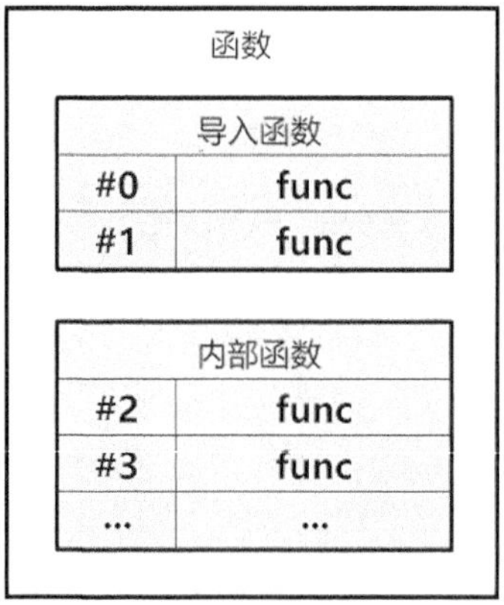

图 5-4

对前面的例子来说,如果$main 函数定义的顺序发生变化或者导入了新的函数,那么$main 函数的索引也将发生变化。

在前面的基础上,我们再增加一个 import 语句,导入一个可以打印 i32 类型的函数:

```
(module
    (start 0) ;;$main index is 1
    (import "console" "log_i32" (func $log.i32 (param i32)))
    (func $main)
)
```

重新编译程序将会出现以下错误:

```
$ wat2wasm start.wat -v > start.wat.txt
start.wat:2:3: error: start function must be nullary
```

```
 (start 0) ;;$main index is 1
   ^^^^^
make: *** [default] Error 1
```

错误提示(start 0)指定的 start()函数是无效的。出现这个错误的原因是因为
$main 函数的索引已经不再是 0。因为在生成函数索引时首先从导入函数开始编号，第
0 号函数对应导入的$log.i32 函数，第 1 号函数才是对应$main 函数。

通过将 start()函数改为第 1 号函数可以修复这个错误：

```
(module
    (import "console" "log_i32" (func $log.i32 (param i32)))

    (start 1) ;;$main index is 1
    (func $main)
)
```

查看重新输出的开始段二进制数据：

```
; section "Start" (8)
000002b: 08                              ; section code
000002c: 00                              ; section size (guess)
000002d: 01                              ; start func index
000002c: 01                              ; FIXUP section size
```

除 start()函数索引变成 1 之外没有其他的变化。

5.6　全局段

全局段（Global）保存的是全局变量的信息。每个模块可以定义多个全局变量，全
局变量可以由外部导入也可以在内部定义，同时，全局变量也可以导出到外部宿主环境。

5.6.1　全局变量索引

在 5.5.2 节中，我们已经看到函数索引在编号时优先为导入函数编号。全局变量在编
号时也优先为导入的全局变量进行编号。导入全局变量和内部定义的全局的索引以及全
局变量的导出关系如图 5-5 所示。

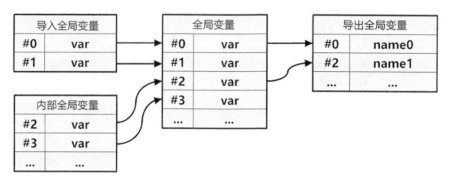

图 5-5

图中所示导入了两个全局变量，那么内部的全局变量将从 2 开始编号。导出段通过全局变量的索引指定要导出的全局变量，导出时需要给全局变量指定导出到宿主环境时使用的名字。

5.6.2　全局段编码方式

为了研究全局段（Global）编码方式，我们先构造一个简单的测试程序：

```
(module
    (global $cpu.num i32 (i32.const 1))
)
```

查看全局段生成的二进制数据：

```
; section "Global" (6)
0000008: 06                                    ; section code
0000009: 00                                    ; section size (guess)
000000a: 01                                    ; num globals
000000b: 7f                                    ; i32
000000c: 00                                    ; global mutability
000000d: 41                                    ; i32.const
000000e: 01                                    ; i32 literal
000000f: 0b                                    ; end
0000009: 06                                    ; FIXUP section size
```

段 ID 是 06 表示为全局段，段数据的大小为 6 字节。全局段可以看作是全局变量指令组成的数组容器。目前生成的全局段数据中只有一个全局变量。第一元素对应的是 i32

类型的全局变量，该全局变量可以被修改，初始值为1。

5.7　函数段、代码段和类型段

　　函数是 WebAssembly 模块的核心对象，如果没有函数那么模块将失去它的作用。但是，在 WebAssembly 模块二进制文件中，函数段（Function）也是最复杂的段，因为函数要涉及函数的索引、函数的类型和函数段代码等诸多信息。本节将分析二进制模块中如何表达函数数据。

5.7.1　函数段、代码段和类型段之间的关系

　　在 5.5.2 节中，我们已经看到函数在索引时优先为导入函数索引。但是，根据函数的索引我们无法马上知晓函数的类型和函数的执行代码信息。要想从二进制模块解析出函数的信息，首先需要了解函数段（Function）、代码段（Code）和类型段（Type）几个段之间的关系。

　　我们构造一个有两个导入函数和两个内部函数的模块：

```
(module
    (import "mod" "init" (func $init))
    (import "mod" "twice" (func $twice (param i32) (result i32)))

    (func $double (param i32) (result i32)
        get_local 0
    )

    (func $f32_to_i32 (param f32) (result i32)
        get_local 0
        i32.trunc_s/f32
    )

    ...
)
```

　　其中，第一个导入函数$init 没有参数和返回值，第二个导入函数$twice 有一个 i32 类型的参数和 i32 类型的返回值，内部定义的第一个函数$double 也有一个 i32 类型的参数和 i32 类型的返回值。另一个内部定义的函数$f32_to_i32 则有一个 f32 类型

的参数和 i32 类型的返回值。

它们在二进制编码后可能的关系如图 5-6 所示。

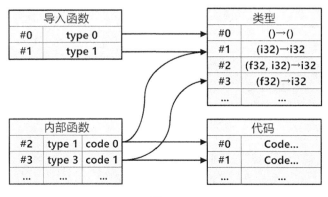

图 5-6

首先查看函数的索引，两个导入的函数对应第 0 和第 1 索引，内部定义的两个函数对应第 2 索引和第 3 索引。函数的索引表示函数对象，在调用函数或初始化表格时均需要使用函数索引。

而类型段也为不同的类型分别定义了相应的类型索引。导入的第一个函数 $init 对应函数索引 0，在导入段保存了其对应的类型 0，从而可以从类型段查询到该函数的类型。内部的第一个函数 $double 对应的函数索引为 2，在函数段第一个位置保存了其对应的类型索引 1，从而可以从类型段查询到该函数的类型。

同时内部的第一个函数 $double 在函数段第一个位置，对应在代码段的第一个位置保存了其对应的执行代码。

5.7.2　更简单的例子

为了便于分析函数签名的类型，我们给模块中唯一的函数增加两个不同类型的输入参数：

```
(module
    (func (param i32) (param f64)  (result i32)
        i32.const 42
    )
)
```

通过 wat2wasm 命令查看上述函数生成的二进制数据：

```
$ wat2wasm add.wat -v
0000000: 0061 736d                          ; WASM_BINARY_MAGIC
0000004: 0100 0000                          ; WASM_BINARY_VERSION
; section "Type" (1)
0000008: 01                                 ; section code
0000009: 00                                 ; section size (guess)
000000a: 01                                 ; num types
; type 0
000000b: 60                                 ; func
000000c: 02                                 ; num params
000000d: 7f                                 ; i32
000000e: 7c                                 ; f64
000000f: 01                                 ; num results
0000010: 7f                                 ; i32
0000009: 07                                 ; FIXUP section size
; section "Function" (3)
0000011: 03                                 ; section code
0000012: 00                                 ; section size (guess)
0000013: 01                                 ; num functions
0000014: 00                                 ; function 0 signature index
0000012: 02                                 ; FIXUP section size
; section "Code" (10)
0000015: 0a                                 ; section code
0000016: 00                                 ; section size (guess)
0000017: 01                                 ; num functions
; function body 0
0000018: 00                                 ; func body size (guess)
0000019: 00                                 ; local decl count
000001a: 41                                 ; i32.const
000001b: 2a                                 ; i32 literal
000001c: 0b                                 ; end
0000018: 04                                 ; FIXUP func body size
0000016: 06                                 ; FIXUP section size
$
```

5.7.3 函数段

首先是相对简单的函数段(Function),该段包含了模块内部全部的函数索引列表:

```
; section "Function" (3)
0000011: 03                                      ; section code
0000012: 00                                      ; section size (guess)
0000013: 01                                      ; num functions
0000014: 00                                      ; function 0 signature index
0000012: 02                                      ; FIXUP section size
```

函数段的 ID 为 03，段数据的长度为 02。段数据中开始的 01 表示模块中函数的个数，然后依次是每个函数对应类型段中的索引。要注意的是，函数出现的顺序隐含了模块内定义的函数的索引，这里函数第一个出现对应索引 0。同时函数签名对应的索引号 0 表示类型段的位置，对应类型段中第一个定义的函数类型信息。

5.7.4　类型段

所有函数签名信息信息全部在类型段（Type）中：

```
; section "Type" (1)
0000008: 01                                      ; section code
0000009: 00                                      ; section size (guess)
000000a: 01                                      ; num types
; type 0
000000b: 60                                      ; func
000000c: 02                                      ; num params
000000d: 7f                                      ; i32
000000e: 7c                                      ; f64
000000f: 01                                      ; num results
0000010: 7f                                      ; i32
0000009: 07                                      ; FIXUP section size
```

类型段的 ID 为 01，段数据的长度 07，段数据的内容是：

```
000000a: 01                                      ; num types
; type 0
000000b: 60                                      ; func
000000c: 02                                      ; num params
000000d: 7f                                      ; i32
000000e: 7c                                      ; f64
000000f: 01                                      ; num results
0000010: 7f                                      ; i32
```

函数签名的编码结构如表 5-4 所示。

表 5-4

字 段 描 述	数 值	注 释
类别格式	0x60	表示函数
参数总数	LEB128 编码的 uint32	
参数类型	i32/i64/f32/f64	可能没有，也可能有多个
返回值个数	LEB128 编码的 uint32	目前最多一个返回值
返回值类型	i32/i64/f32/f64	

段数据内部，第一个是 LEB128 编码的类型的数目，这里只有一个函数。类型的第一个字节表示类型的种类，60 表示这是一个函数的类型信息。然后 02 是函数输入参数的数目，后面的 7f 和 7c 两字节分别表示 i32 和 f64 类型。再然后是返回值的数目（未来 WebAssembly 规范可能支持多个返回值），目前只有 01 个返回值，返回值的类型为 7f 表示 i32（和第一个输入参数类型相同）。要注意的是，函数出现的顺序隐含了函数类型的索引，这里函数第一个出现对应索引 0。

5.7.5 代码段

最后是代码段（Code）：

```
; section "Code" (10)
0000015: 0a                                    ; section code
0000016: 00                                    ; section size (guess)
0000017: 01                                    ; num functions
; function body 0
0000018: 00                                    ; func body size (guess)
0000019: 00                                    ; local decl count
000001a: 41                                    ; i32.const
000001b: 2a                                    ; i32 literal
000001c: 0b                                    ; end
0000018: 04                                    ; FIXUP func body size
0000016: 06                                    ; FIXUP section size
```

代码段的 ID 为 0a，段数据的长度为 06。段数据中第一个元素 01 表示模块中函数的个数，然后是每个函数的代码。代码段中函数出现的顺序必须要和函数段中函数出现的顺序保持一致。

每个函数的代码也是字节序列，因此开始都是以 LEB128 编码的字节数目。在这里函数代码的长度为 04，对应[00 41 2a 0b]这 4 个指令。每个函数的第一个指令是局部变量的数目，这里 00 表示没有定义局部变量。然后 41 为 i32.const 指令对应的索引，后面的 2a 则是对应十进制常量字面值 42。最后的 0b 表示函数代码块结束。

5.8　导入段和导出段

在前一节我们简要分析了类型段、函数段和代码段之间的关系。本节我们简单分析一下 WebAssembly 模块的导入段（Import）和导出段（Export）。只有实现了导入段和导出段，WebAssembly 模块才能与模块外的程序更好地交互。

支持导入和导出的对象有内存、表格、全局变量和函数，其中函数的导入和导出使用得最为频繁。图 5-7 展示了函数的导入和导出关系图。

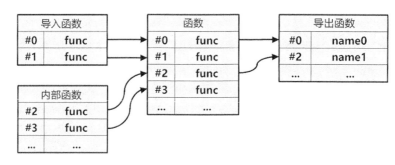

图 5-7

图 5-7 中所示导入了两个函数，那么内部的函数将从 2 开始索引。导出段通过函数的索引指定要导出的函数，导出时需要给函数指定导出到宿主环境时使用的名字。

5.8.1　例子

为了分析导入和导出段的编码方式构造以下例子：

```
(module
    (import "console" "log" (func $log (param i32)))

    (func (export "add") (param i32) (param i32) (result i32)
        get_local 0
```

```
      get_local 1
      i32.add
    )
  )
```

代码导入了一个 $log 函数，可以打印一个 i32 参数。同时导出了一个 add() 函数，用于计算两个 i32 类型参数的和。

依然通过 wat2wasm 命令查看生成的二进制数据。随着例子变得复杂，生成的二进制数据越来越多，我们不再贴出全部的二进制结果。

5.8.2 类型段

因为模块中唯一定义的函数的参数和返回值没有改变，函数的实现也没有改变，所以输出的二进制模块中的代码段的数据和前一节是完全相同的。同时，因为导入了一个外部函数，类型段（Type）将多一个外部函数类型的信息，函数类型信息的索引位置可能发生变化。由于函数类型信息的索引位置发生变化，又可能导致函数段函数签名索引的变化。

我们直接看一下类型段中新出现的类型：

```
; type 0
000000b: 60                                        ; func
000000c: 01                                        ; num params
000000d: 7f                                        ; i32
000000e: 00                                        ; num results
```

表示一个函数类型，函数只有一个 i32 类型的输入参数，没有返回值。这其实对应的是导入的 console.log(arg) 函数。

5.8.3 导入段

导入函数的信息由导入段（Import）定义：

```
; section "Import" (2)
0000015: 02                                        ; section code
0000016: 00                                        ; section size (guess)
0000017: 01                                        ; num imports
; import header 0
```

```
0000018: 07                                    ; string length
0000019: 636f 6e73 6f6c 65                     console  ; import module name
0000020: 03                                    ; string length
0000021: 6c6f 67                               log  ; import field name
0000024: 00                                    ; import kind
0000025: 00                                    ; import signature index
0000016: 0f                                    ; FIXUP section size
```

导入段数据的结构如表 5-5 所示。

表 5-5

字　段　描　述	数　　　值	注　　释
字符串长度	LEB128 编码的 uint32	导入模块的名字的长度
字符串	UTF-8 字符串	导入模块的名字
字符串长度	LEB128 编码的 uint32	模块成员名字的长度
字符串	UTF-8 字符串	模块成员名字
导入类型	0x00/0x01/0x02/0x03	00 表示函数，01 表示表格，02 表示内存，03 表示全局类型

导入段的 ID 为 02，段数据的长度为 0f，也就是 15 字节。段数据开始的字节为 01，表示只有一个导入元素。然后在导入元素数据内部，最开始的是导入模块的字符串名字，然后是导入成员的字符串名字，最后是导入元素的类型和对应类型段中签名索引。因此，字符串类型开始是字符串的长度，然后是 UTF-8 编码的字符串，这里分别对应 "console" 和 "log"。

目前 WebAssembly 支持 4 种导入类型：00 表示函数，01 表示表格，02 表示内存，03 表示全局变量。在这里 00 表示导入的 console.log 是一个函数类型。

5.8.4　导出段

最后我们分析一下导出段（Export）的结构：

```
; section "Export" (7)
000002a: 07                                    ; section code
000002b: 00                                    ; section size (guess)
000002c: 01                                    ; num exports
000002d: 03                                    ; string length
000002e: 6164 64                               add  ; export name
```

```
0000031: 00                                          ; export kind
0000032: 01                                          ; export func index
000002b: 07                                          ; FIXUP section size
```

导出段数据结构如表 5-6 所示。

表 5-6

字 段 描 述	数 值	注 释
字符串长度	LEB128 编码的 uint32	导出名字的长度
字符串	UTF-8 字符串	导出名字
导出类型	0x00/0x01/0x02/0x03	00 表示函数，01 表示表格，02 表示内存，03 表示全局类型
地址	LEB128 编码的 uint32	函数的索引

导出段的 ID 是 07，段数据的长度是 07，也就是 7 字节。段数据开始的字节为 01，表示只有 1 个导出元素。然后的 4 字节是导出元素名字的长度和 UTF-8 编码的字符串数据，对应 add 名字。最后是导出函数的类型和索引，00 表示导出的是函数类型，01 表示导出函数为类型段中 01 位置对应的函数。

5.9 自定义段

本节我们简单分析下自定义段（Custom）。自定义段一般用于保存一些辅助信息，自定义段并不会影响模块段正常运行。自定义段其实是第三方扩展子段的容器，它的逻辑结构如图 5-8 所示。

图 5-8

例如，调试中用到段符号名字就保持在名为 `name` 的子段中。`name` 子段是 WebAssembly 规范定义的字段。需要注意的是，自定义段数据是给外部工具使用的，WebAssembly 模块本身无法读取自定义段数据。

5.9.1 自定义段结构

我们一直在使用 wat2wasm 工具将 wat 程序编译为二进制的模块。在默认情况下，wat2wasm 工具并没有生成调试信息，必须通过--debug-names 参数生成调试信息。

先创建一个最简单的模块 hello.wat：

```
(module)
```

然后用以下命令查看生成的调试符号信息：

```
$ wat2wasm simple.wat -v --debug-names
0000000: 0061 736d                                 ; WASM_BINARY_MAGIC
0000004: 0100 0000                                 ; WASM_BINARY_VERSION
; section "name"
0000008: 00                                        ; section code
0000009: 00                                        ; section size (guess)
000000a: 04                                        ; string length
000000b: 6e61 6d65                            name ; custom section name
000000f: 02                                        ; local name type
0000010: 00                                        ; subsection size (guess)
0000011: 00                                        ; num functions
0000010: 01                                        ; FIXUP subsection size
0000009: 08                                        ; FIXUP section size
$
```

其中自定义段 ID 为 0，段数据的长度为 08。自定义段中数据的开头 04 表示段 name 字符串的长度，字符串数据 6e61 6d65 对应 name。如果自定义数据段的名字为 name，则表示后面的数据是调试符号信息。WebAssembly 官方规范提供了调试符号信息的具体编码格式。如果自定义段的名字不是 name，则后续数据的格式规范由定义者提供。

5.9.2 模块的名字

我们给 hello.wat 的模块定义一个$mymod 的名字：

```
(module $mymod)
```

重写生成模块的调试符号信息：

```
$ wat2wasm simple.wat -v --debug-names
0000000: 0061 736d                                    ; WASM_BINARY_MAGIC
0000004: 0100 0000                                    ; WASM_BINARY_VERSION
; section "name"
0000008: 00                                           ; section code
0000009: 00                                           ; section size (guess)
000000a: 04                                           ; string length
000000b: 6e61 6d65                               name ; custom section name
000000f: 00                                           ; module name type
0000010: 00                                           ; subsection size (guess)
0000011: 05                                           ; string length
0000012: 6d79 6d6f 64                            mymod ; module name
0000010: 06                                           ; FIXUP subsection size
0000017: 02                                           ; local name type
0000018: 00                                           ; subsection size (guess)
0000019: 00                                           ; num functions
0000018: 01                                           ; FIXUP subsection size
0000009: 10                                           ; FIXUP section size
$
```

调试符号中生成了模块的名字数据：

```
000000f: 00                                           ; module name type
0000010: 00                                           ; subsection size (guess)
0000011: 05                                           ; string length
0000012: 6d79 6d6f 64                            mymod ; module name
0000010: 06                                           ; FIXUP subsection size
```

其中第一个字节表示名字的类型，0 表示模块的名字，1 表示函数的名字，2 表示局部变量的名字。从数据中可以得知模块的名字为 mymod，并不包含前缀的 $ 字符。

5.9.3 全局变量的名字

目前 wat2wasm 工具尚不支持保存全局变量的名字。

5.9.4 函数的名字

在 name 子段中，全部有名字的函数采用类似字符串数组的结构进行组织，它们的逻辑结构如图 5-9 所示。

函数名类型	
0#	函数名
1#	函数名
2#	函数名
...	...

图 5-9

每个函数通过函数索引表示，然后对应一个字符串表示函数名字。调试符号段中最重要的是函数的名字。

我们在 hello.wat 模块中定义一个 main 名字的函数：

```
(module (func $main))
```

然后通过 wat2wasm 工具生成二进制模块。二进制模块中调试符号段的函数名字数据如下：

```
000001f: 01                                    ; function name type
0000020: 00                                    ; subsection size (guess)
0000021: 01                                    ; num functions
0000022: 00                                    ; function index
0000023: 04                                    ; string length
0000024: 6d61 696e                   main      ; func name 0
0000020: 07                                    ; FIXUP subsection size
```

开头的 01 表示函数的名字。模块中可能有多个函数，因此后面的 01 表示函数的个数。然后是函数名字的列表，列表的每个元素由函数的索引号和函数的名字组成。在上面的数据中，函数索引为 00 的函数对应的名字为 main。

5.9.5 局部变量的名字

在 name 子段中，全部有名字的函数参数或局部变量在一个局部变量数组中表示，它们的逻辑结构如图 5-10 所示。

	局部变量名类型
0#	local0/local1/...
1#	local0/local1/...
2#	local0/local1/...
...	...

图 5-10

局部变量名的组织方式和函数名类似，首先通过函数的索引指定函数的名字，然后是函数内部局部变量的索引和名字组成的数组。

为了分析局部变量的编码方式，我们定义以下模块：

```
(module
    (func (param $arg0 i32) (param $arg1 i32))
    (func (local $temp i32))
)
```

其中包含两个函数，第一个函数有两个命名的参数，第二个函数有一个局部变量。

然后通过 wat2wasm 工具生成二进制模块。二进制模块中调试符号段的局部变量名字数据如下：

```
000002a: 02                              ; local name type
000002b: 00                              ; subsection size (guess)
000002c: 02                              ; num functions
000002d: 00                              ; function index
000002e: 02                              ; num locals
000002f: 00                              ; local index
0000030: 04                              ; string length
0000031: 6172 6730              arg0     ; local name 0
0000035: 01                              ; local index
0000036: 04                              ; string length
0000037: 6172 6731              arg1     ; local name 1
000003b: 01                              ; function index
000003c: 01                              ; num locals
000003d: 00                              ; local index
000003e: 04                              ; string length
000003f: 7465 6d70              temp     ; local name 0
```

第一个数据 02 表示这是一个局部变量数据，后面的 02 表示保存有两个函数的局部变量数据。

第一个函数的局部变量数据如下：

```
000002d: 00                                      ; function index
000002e: 02                                      ; num locals
000002f: 00                                      ; local index
0000030: 04                                      ; string length
0000031: 6172 6730                        arg0  ; local name 0
0000035: 01                                      ; local index
0000036: 04                                      ; string length
0000037: 6172 6731                        arg1  ; local name 1
```

第一个数据表示函数的索引为 00，第二个 02 表示函数有两个局部变量。其中索引为 00 的局部变量名长度为 4，变量名字符串为 arg0，对应第一个参数；另一个局部变量的索引为 01，对应第二个函数参数，参数名为 arg1。

第二个函数的局部变量数据如下：

```
000003b: 01                                      ; function index
000003c: 01                                      ; num locals
000003d: 00                                      ; local index
000003e: 04                                      ; string length
000003f: 7465 6d70                        temp  ; local name 0
```

第一个数据表示函数的索引为 01。第二个 01 表示函数只有一个局部变量名，局部变量索引为 00，变量的名字为 temp。

5.10 补充说明

本章简要分析了 WebAssembly 二进制模块的编码结构。基于本章的内容，读者应该可以对 WebAssembly 二进制模块的布局结构有一个大致的理解。作为一个附加练习，读者可以自行尝试分析全局对象、内存和表格等相关的段的编码结构，甚至可以尝试用自己熟悉的编程语言实现一个简易的 WebAssembly 二进制模块解析工具，基于二进制分析得到的模块结构还可以对模块做进一步的合法性验证等工作。

第 6 章

Emscripten 和 WebAssembly

工欲善其站，必先懂 WebAssembly。

—— z-jingjie

本章重点围绕 Emscripten 中 C 语言程序和 JavaScript 交互编程展开，我们着眼于用最短的范例展示使用 C 语言开发 Web 应用的必要的技术细节，因此不会详细介绍 C 语言和 JavaScript 语言本身的特性。拥有一定的 C 语言和 JavaScript 语言知识基础对本章的阅读大有帮助。C 语言教程我们推荐 K&R 的《C 程序设计语言》，JavaScript 语言教程我们推荐 Stoyan Stefanov 的《JavaScript 面向对象编程指南》。当然，读者也可以根据自己的需要自由选择参考资料。

6.1 安装环境

Emscripten 是一组工具箱，在使用前需要安装好开发环境。对于 Emscripten 开发人员，可以从源代码编译安装。不过对于普通的 Emscripten 使用人员，建议通过 emsdk 命令或 docker 环境安装。

6.1.1 `emsdk` 命令安装

首先在命令行输入 emsdk 命令检测 Emscripten 环境是否已经安装。如果没有安装

Emscripten 环境的话，推荐安装最新的版本。

可从 GitHub 上下载 Emscripten 最新的 SDK。

在 1.35 版本之前，Emscripten 为 Windows 平台提供了离线安装工具，从 1.36 版本开始则必须通过 emsdk 命令安装了。emsdk 命令也是 macOS 或 Linux 等系统的标准安装工具。在 Windows 平台 emsdk 命令对应 emsdk.bat 批处理命令。

首先下载 emsdk 工具压缩包，解压后命令行切换到对应目录，输入以下命令来安装和激活最新版本：

```
# 获取依赖工具的最新的版本，但是并不安装
# 下载的文件在 zips 目录中
./emsdk update

# 下载并安装最新的 SDK
./emsdk install latest

# 激活安装的 SDK
./emsdk activate latest
```

以上的步骤和 Windows 下 Portable 版本安装过程类似。以上命令执行过之后就不需要重复执行，除非是 SDK 需要更新到新的版本。

对于 macOS 和 Linux 系统，还需要在激活 SDK 之后运行以下的脚本：

```
$ source ./emsdk_env.sh
```

对于 Windows 系统，直接在命令后运行 emsdk_env.bat 批处理程序配置环境。

该命令用于将依赖的工具注册到 PATH 环境变量中，然后 emcc 命令就可以使用了。同时，nodejs 和 python 等工具将使用的是 Emscripten 自带的工具。

6.1.2 Docker 环境安装

如果读者熟悉 Docker 工具，那么推荐直接 Docker 环境安装。Docker 环境的 Emscripten 是完全隔离的，对宿主机环境不会造成任何的影响。Docker 仓库的 apiaryio/emcc 镜像提供了完整的 Emscripten 打包。

例如，通过本地的 emcc 编译 hello.c 文件：

```
$ emcc hello.c
```

采用 Docker 环境后，对应以下的命令：

```
$ docker run --rm -it -v 'pwd':/src apiaryio/emcc
```

其中参数--rm 表示运行结束后删除容器资源，参数-it 表示定向容器的标准输入和输出到命令行环境，参数-v 'pwd':/src 表示将当前目录映射到容器的/src 目录。之后的 apiaryio/emcc 为容器对应镜像的名字，里面包含了 Emscripten 开发环境。最后的 emcc 参数表示容器中运行的命令，和本地的 emcc 命令是一致的。

以上命令默认获取的是 latest 版本，也就是最新的 Emscripten 版本。对于正式开发环境，我们推荐安装确定版本的 Emscripten。容器镜像的全部版本可以从 Docker 官网查看。如果将 apiaryio/emcc 替换为 apiaryio/emcc:1.38.11，则表示采用的是1.38.11 版本的镜像。

对于国内用户，可以采用 Docker 官方提供的国内仓库镜像加速下载。

6.1.3 验证 emcc 命令

最重要的 emcc 命令用于编译 C 程序，还有一个 em++命令以 C++语法编译 C/C++程序，它的用法和 GCC 的命令类似。

输入 emcc -v 可以查看版本信息。例如，在 Docker 环境中，对于apiaryio/emcc:1.38.11 镜像输出的 emcc 版本信息：

```
$ docker run --rm -it apiaryio/emcc:1.38.11 emcc -v
emcc (Emscripten gcc/clang-like replacement + linker emulating GNU ld) 1.38.11
clang version 6.0.1  (emscripten 1.38.11 : 1.38.11)
Target: x86_64-unknown-linux-gnu
Thread model: posix
InstalledDir: /clang/bin
Found candidate GCC installation: /usr/lib/gcc/x86_64-linux-gnu/6
Found candidate GCC installation: /usr/lib/gcc/x86_64-linux-gnu/6.3.0
INFO:root:(Emscripten: Running sanity checks)
$
```

Emscripten 的 1.38 版本开始将 WebAssembly 作为默认输出格式。对于旧版本的用户，建议尽快升级到新版本。

6.2 你好，Emscripten！

通过 Emscripten 工具，我们可以将 C/C++源代码编译为 WebAssembly 模块或

JavaScript 程序，然后在浏览器或 Node.js 等环境运行。在以前旧的版本中，Emscripten 默认输出 asm.js 规格的模块。从 1.38 版本开始，Emscripten 默认输出 WebAssembly 规格的模块。

HelloWorld 程序是每一个严肃的 C 语言程序员必学的第一个程序。本章也遵循同样的传统，然后尝试用 Emscripten 工具来生成 WebAssembly 模块，最后将在 Node.js 和浏览器环境中测试生成的模块。

6.2.1 生成 wasm 文件

得益于 JavaScript 平台对 Unicode 的友好支持，Emscripten 工具生成的代码可以直接输出中文信息。新建一个名为 hello.cc 的 C/C++源文件，其中通过 printf() 函数输出"你好，Emscripten！"字符串，C/C++源文件保存为 UTF-8 编码格式。

C 语言的代码如下：

```
#include <stdio.h>

int main() {
    printf("你好, Emscripten! \n");
    return 0;
}
```

然后通过以下命令将 C 程序编译为 WebAssembly 模块：

```
$ emcc hello.c
$ node node a.out.js
你好, Emscripten!
$
```

emcc 命令会生成一个 a.out.wasm 文件和一个 a.out.js 文件，其中 a.out.wasm 文件是一个 WebAssembly 格式的模块，而 a.out.js 文件则是 a.out.wasm 模块初始化并包装为对 JavaScript 更友好的模块。

Node.js 执行 a.out.js 文件时，如果 a.out.wasm 模块中导出了 main() 函数，则运行 main() 函数输出字符串。

6.2.2 浏览器环境

Emscripten 生成的模块不仅可以在 Node 环境运行，也可以在浏览器环境运行。创建一个 index.html 文件，通过 script 标签引用 a.out.js 文件：

```
<!DOCTYPE HTML>

<head>
<title>Emscripten: 你好, 世界!</title>
</head>

<body>
<script src="a.out.js"></script>
</body>
```

　　然后在当前目录启动一个端口为 8080 的本地 Web 服务。用 Chrome 浏览器打开
http://localhost:8080/index.html 页面，同时打开开发者面板。在开发者面板窗口可以看到
输出的内容如图 6-1 所示。

图 6-1

　　在开发者面板中，可以看到输出了"你好，Emscripten！"信息。

6.2.3　自动生成 HTML 测试文件

Emscripten 可以自动生成 JavaScript 文件和测试用的 HTML 文件，HTML 文件会包含生成的 JavaScript 文件。

当通过 emcc 编译代码时，如果指定了一个 html 格式的输出文件，那么 Emscripten 将会生成一个测试页面：

```
$ emcc hello.c -o a.out.html
```

以上命令除生成 a.out.html 测试页面之外，还会生成一个 a.out.wasm 文件和一个 a.out.js 文件。

同样在本地启动一个端口为 8080 的本地 Web 服务。用 Chrome 浏览器打开 http://localhost:8080/a.out.html 页面，可以看到黑色的区域显示了输出，如图 6-2 所示。

图 6-2

对于简单的 C/C++程序，这是最便捷的运行方式。

6.3　C/C++内联 JavaScript 代码

作为追求性能的 C/C++语言来说，很多编译器支持在语言中直接嵌入汇编语言。对于 Emscripten 来说，JavaScript 语言也类似于一种汇编语言。我们同样可以在 C/C++直接嵌入 JavaScript 代码，这由<emscripten.h>头文件提供的一组宏 EM_ASM 函数实现。

6.3.1　`EM_ASM` 宏

使用 EM_ASM 宏是在 C/C++代码中嵌入简单 JavaScript 代码最简洁的方式。下面的代码使用 JavaScript 中 `console.log()`函数输出"你好，Emscripten！"：

```
#include <emscripten.h>

int main() {
    EM_ASM(console.log("你好, Emscripten! "));
    return 0;
}
```

`console.log()`是 JavaScript 环境用于输出的函数，输出字符串后会自动添加一个换行符。

EM_ASM 宏支持嵌入多个 JavaScript 语句，相邻的语句之间必须用分号分隔：

```
#include <emscripten.h>

int main() {
    EM_ASM(console.log("Hello, world!");console.log("Hello, world!"));
    return 0;
}
```

如果嵌入多个语句的话，每行只写一个语句同时增加必要的缩进是一个很好的编码习惯：

```
#include <emscripten.h>

int main() {
    EM_ASM(
        console.log("Hello, world!");
```

```
        console.log("Hello, world!");
    );
    return 0;
}
```

JavaScript 语言本身可以省略每行末尾的分号，但是 EM_ASM 宏不支持这种写法。下面的代码虽然可以正常编译，但是运行时会出现错误：

```
#include <emscripten.h>

int main() {
    EM_ASM(
        console.log("Hello, world!")  // 省略了末尾的分号
        console.log("Hello, world!")
    );
    return 0;
}
```

因为 EM_ASM 宏会将多个语句拼接为类似下面的单行的 JavaScript 代码（拼接前会删除注释，因此行尾的注释是没有问题的）：

```
function() { console.log("Hello, world!") console.log("Hello, world!") }
```

这样在运行第二个 console.log 语句的时候就会出现错误。安全的做法是在每个 JavaScript 语句后面添加分号分隔符。

需要注意的是 EM_ASM 宏只能执行嵌入的 JavaScript 代码，无法传入参数或获取返回结果。

6.3.2　EM_ASM_ 宏

EM_ASM_ 宏是 EM_ASM 宏的增强版本，支持输入数值类型的可变参数，同时支持返回整数类型的结果。EM_ASM_ 宏嵌入的 JavaScript 代码必须放到 "{" 和 "}" 包围的代码块中，同时至少含有一个输入参数，在 JavaScript 代码中分别通过 $0/$1 等引用输入的参数。

下面的代码对于输入的两个数值类型的参数进行求和，然后返回结果：

```
#include <stdio.h>
#include <emscripten.h>
```

```
int main() {
    int a = 1;
    int b = 2;
    int sum = EM_ASM_({return $0+$1}, a, b);
    printf("sum(%d, %d): %d\n", a, b, sum);
    return 0;
}
```

JavaScript 语言不分整数和浮点数，数值统一为 number，该类型对应双精度浮点数。因此无论输入的参数是整数还是浮点数，最终都会转换为 number，即双精度的浮点数。

同样，通过 EM_ASM_ 宏嵌入的 JavaScript 函数的返回值也只有一个 number 类型，但是返回到 C/C++语言空间时会被截断为整数类型。因此，EM_ASM_ 宏是无法返回两个浮点数求和的结果的：

```
#include <stdio.h>
#include <emscripten.h>

int main() {
    float sum = EM_ASM_({
        var sum = $0+$1;
        console.log("sum:", sum);
        return sum;
    }, 1.1, 2.2);
    printf("sum(1.0,2.2): %f\n", sum);
    return 0;
}
```

运行并输出的内容如下：

```
$ emcc hello.c
node a.out.js
sum: 3.3000000000000003
sum(1.0,2.2): 3.000000
$
```

在 JavaScript 中，输出的 sum 值为 3.3，但是返回到 C/C++环境后 EM_ASM_ 的返回值已经被截断为整数 3 了。

6.3.3 EM_ASM_*宏

前文说过 EM_ASM_ 的返回值是整数类型的。如果需要获取浮点数的返回值，可以使用 EM_ASM_DOUBLE 宏。EM_ASM_DOUBLE 宏除返回值为浮点数之外，其他用法和 EM_ASM_ 宏是类似的。

我们可以用 EM_ASM_DOUBLE 宏实现浮点数的加法：

```
#include <stdio.h>
#include <emscripten.h>

int main() {
    float sum = EM_ASM_DOUBLE({
        var sum = $0+$1;
        console.log("sum:", sum);
        return sum;
    }, 1.1, 2.2);
    printf("sum(1.0,2.2): %f\n", sum);
    return 0;
}
```

除 EM_ASM_DOUBLE 宏之外，Emscripten 还提供了 EM_ASM_ARGS 和 EM_ASM_INT 宏。这两个宏和 EM_ASM_ 的用法是完全一样的，返回值也是整数类型。采用不同名称的原因是，EM_ASM_ARGS 宏更加强调该宏是带输入参数的，EM_ASM_INT 宏则更强调返回值是整数类型。

此外，有时候我们在临时嵌入 JavaScript 代码时并没有输入参数，但是我们希望获取返回的结果。因为 EM_ASM 宏不支持返回值，所以我们需要通过 EM_ASM_INT 或 EM_ASM_DOUBLE 等宏来实现：

```
#include <stdio.h>
#include <emscripten.h>

int main() {
    int v = EM_ASM_INT({return 42}, 0);
    printf("%d\n", v);
    return 0;
}
```

其中输入的参数是一个占位符，是为了符合 EM_ASM_INT 或 EM_ASM_DOUBLE 宏的语法规范，其实在嵌入的 JavaScript 中并不需要任何参数。

为此，Emscripten 提供了不带参数但是可返回值的 EM_ASM_INT_V 和 EM_ASM_DOUBLE_V 宏：

```
#include <stdio.h>
#include <emscripten.h>

int main() {
    int v = EM_ASM_INT_V({return 42});
    printf("%d\n", v);
    return 0;
}
```

因为没有额外的参数，所以嵌入的 JavaScript 代码也就不再需要"｛"和"｝"包围：

```
#include <stdio.h>
#include <emscripten.h>

int main() {
    int v = EM_ASM_INT_V(return 42);
    printf("%d\n", v);
    return 0;
}
```

6.3.4　函数参数

在前面提到的 EM_ASM* 宏中，它们都是支持可变参数的，我们可以通过 $0/$1 等方便地引用这些参数。

下面代码是输出第一个和第二个参数：

```
#include <emscripten.h>

int main() {
    EM_ASM_({
        console.log("$0:", $0);
        console.log("$1:", $1);
    }, 1, 2);
    return 0;
}
```

虽然调用 EM_ASM_ 时参数是确定的，但是对于嵌入的 JavaScript 代码来说参数的个数可能是变化的。通过 $0/$1 语法糖是无法提前知道参数的个数的。

在 JavaScript 函数中，我们可以通过 arguments 对象来获取动态的输入参数。

arguments 是一个类似只读数值的对象，对应输入的参数列表，arguments.length 对应参数的个数：

```
function f(a, b, c){
    for(var i = 0; i < arguments.length; i++) {
        console.log("arguments[", i, "]: ", arguments[i]);
    }
}


f(1, 2)
```

我们在 EM_ASM_ 宏中依然可以使用 arguments 对象，arguments[0]对应$0，arguments[1]对应$1 等等。

下面的代码是通过 arguments 对象输出动态数量的输入参数：

```
#include <emscripten.h>

int main() {
    EM_ASM_({
        for(var i = 0; i < arguments.length; i++) {
            console.log("$", i, ":", arguments[i]);
        }
    }, 1, 2);
    return 0;
}
```

正如前文提到的，Emscripten 会将 EM_ASM*宏嵌入的代码展开到一个独立的 JavaScript 函数中：

```
function() { ... }
```

从这个角度理解，arguments 对象就是一个普通的用法了。

6.3.5 注意问题

因为 EM_ASM*宏语法的限制，所以直接在 C/C++代码中嵌入 JavaScript 代码时有一些需要注意的地方。

以下嵌入的 JavaScript 代码存在[$0, $1]，会导致编译错误：

```
#include <emscripten.h>

int main() {
    EM_ASM_({
        var args = [$0, $1];
        console.log(args);
    }, 1, 2);
    return 0;
}
```

规避的办法是将[$0, $1]放到圆括号中([$0, $1]):

```
#include <emscripten.h>

int main() {
    EM_ASM_({
        var args = ([$0, $1]);
        console.log(args);
    }, 1, 2);
    return 0;
}
```

另外，在旧版本中嵌入 JavaScript 代码中不能使用双引号的字符串，因此单引号的字符串是推荐的用法。

6.4 C/C++调用 JavaScript 函数

前一节我们简单讲述了如何通过 EM_ASM 宏在 C/C++代码中内联 JavaScript 代码。但 EM_ASM 相关宏有一定的局限性：EM_ASM 宏输入参数和返回值只能支持数值类型。如果 C/C++要和 JavaScript 代码实现完备的数据交换，必须支持字符串类型的参数和返回值。同时，对于一些常用的 JavaScript 函数，我们希望能以 C/C++函数库的方式使用，这样便于大型工程的维护。

6.4.1 C 语言版本的 **eval()** 函数

JavaScript 语言中 eval()函数可计算某个字符串，并执行其中的 JavaScript 代码。我们虽然可以通过前面章节讲述的 EM_ASM 宏来执行 eval()函数，但是 EM_ASM

宏中内联的必须是明确的 JavaScript 代码。如果要执行的 JavaScript 代码是一个动态输入的字符串的话就很难处理了，因为 EM_ASM 宏无法接受传入 C 语言的字符串参数。

不过 Emscripten 也为我们提供了 C 语言版本的 eval() 函数 emscripten_run_script。它类似一个 C 语言版本的 eval() 函数，传入的参数是一个表达 JavaScript 代码的字符串，返回值也是一个字符串。

我们可以用 emscripten_run_script() 函数实现一个 JavaScript 解释器，输入的代码是动态输入的：

```
#include <emscripten.h>

const char* getJsCode() {
    return "console.log('eval:abc')";
}

int main() {
    emscripten_run_script(getJsCode());
    return 0;
}
```

如果想向要执行的 JavaScript 代码传入额外的参数的话，可以通过 C 语言的 sprintf() 函数将参数添加到 JavaScript 代码中：

```
const char* getJsCodeWithArg(int a, int b) {
    static char jsCode[1024];
    sprintf(jsCode, "console.log('eval:', %d, %d)", a, b);
    return jsCode;
}

int main() {
    emscripten_run_script(getJsCodeWithArg(1, 2));
    return 0;
}
```

另外，EM_ASM 宏会受到 C 语言宏语法的限制，无法内联比较复杂的语句。例如，我们无法在 EM_ASM 宏中用 function 定义新的函数。但是通过 emscripten_run_script() 函数可以支持任意的 JavaScript 代码。

下面的代码定义了一个 print() 函数，然后用 print() 函数输出一个字符串：

```
#include <emscripten.h>

int main() {
```

```
emscripten_run_script("                 \
    function print(s) {                 \
        console.log('print:', s);       \
    }                                   \
    print('hello');                     \
");
    return 0;
}
```

因为 JavaScript 语句比较复杂,我们将代码分行书写了。但对于在字符串中嵌入程序代码的场景来说,采用 C++11 的原始字符串(raw string)写法是更好的选择(在原始字符串中可以自由使用双引号):

```
#include <emscripten.h>

int main() {
    emscripten_run_script(R"(
        function print(s) {
            console.log("print:", s);
        }
        print("hello");
    )");
    return 0;
}
```

因为使用了 C++11 的原始字符串特性,所以编译时需要添加-std=c++11 参数。

6.4.2 打造带参数的 `eval()` 函数

emscripten_run_script 虽然模拟的 JavaScript 的 eval()函数功能,但是我们无法传入额外的参数。

为了支持输入额外的参数,我们现在尝试用 JavaScript 重新实现一个 my_run_script()函数。my_run_script()函数的功能和 emscripten_run_script()函数类似,但是支持输入一个额外的 int 类型参数。my_run_script()函数的 C 语言签名如下:

```
extern "C" void my_run_script(const char *jsCode, int arg);
```

然后创建一个 package.js 文件,里面包含用 JavaScript 实现的 my_run_script()函数:

```
// package.js

mergeInto(LibraryManager.library, {
    my_run_script: function(code, $arg) {
        eval(Pointer_stringify(code));
    },
});
```

my_run_script()函数的第一个参数是一个表示 JavaScript 代码的 C 语言字符串，也就是一个指针。要想在 JavaScript 环境访问 C 语言字符串的话，需要通过 Emscripten 提供的 Pointer_stringify()函数将指针转为 JavaScript 字符串；第二个参数是 int 类型的参数，对应 JavaScript 中的 number 类型的参数，因此可以直接使用。

另外，我们需要使用 Emscripten 提供的 mergeInto()辅助函数将 sayHello 函数注入 LibraryManager.library 对象中，这样的话就可以被 C/C++代码使用了。

在使用 my_run_script()函数前需要先包含它的声明。现在我们创建 main.cc 文件演示 my_run_script()的用法。通过额外的参数向 my_run_script()函数输入 42，在 JavaScript 脚本中通过$arg 来访问额外的参数：

```
// main.cc
#include <emscripten.h>

extern "C" void my_run_script(const char *s, ...);

int main() {
    my_run_script("console.log($arg)", 42);
    return 0;
}
```

参数$arg 是在 package.js 中定义 my_run_script()函数时使用的名字。如果 my_run_script()函数中名字发生变化的话，console.log($arg)将无法输出正确的结果。最后通过 JavaScript 自带的 eval()函数执行输入的 JavaScript 代码，而额外的参数$arg 作为上下文存在。

更通用的做法是用 JavaScript 函数的 arguments 属性来获取函数的参数。arguments[0]对应第一个函数参数也就是 JavaScript 脚本字符串，arguments[1]对应第二个参数 42。

```
#include <emscripten.h>

extern "C" void my_run_script(const char *s, ...);
```

```
int main() {
    my_run_script("console.log(arguments[1])", 42);
    return 0;
}
```

现在用以下的命令编译和运行代码：

```
emcc --js-library package.js main.cc
node a.out.js
42
```

现在我们有了自己定制的 eval() 函数，而且可以携带一个额外的参数。

6.4.3 打造可变参数的 **eval()** 函数

在直接使用 JavaScript 的 eval() 函数时，我们可以通过当前的上下文随意传入额外的参数。通过 EM_ASM_ARG 内联 JavaScript 代码时，我们也可以根据需要传入可变的参数。为了增加实用性，我们也希望 my_run_script 能够支持可变参数。

JavaScript 语言和 C 语言本身都是支持可变参数的，但是二者的函数调用规范并不相容。我们先尝试在 JavaScript 中解析 C 语言函数的可变参数部分。要想访问 C 语言函数的可变参数部分，必须根据 C 语言的函数调用规范解析出传入的参数。

我们将新的函数命名为 my_run_script_args，新的函数的 C 语言签名如下：

```
extern "C" void my_run_script_args(const char *jsCode, ...);
```

在 package.js 文件增加它的实现：

```
// package.js
mergeInto(LibraryManager.library, {
    my_run_script_args: function(code) {
        eval(Pointer_stringify(code));
    },
});
```

my_run_script_args() 函数的 JavaScript 实现更加简单，只有一个参数用于输入的 JavaScript 代码字符串。额外的参数通过 JavaScript 函数的 arguments 属性访问。

在 main.cc 文件增加测试代码，通过 arguments 输出参数的内容：

```
#include <emscripten.h>

extern "C" void my_run_script_args(const char *s, ...);

int main() {
    my_run_script_args("console.log(arguments)", 1, 2, 3);
    return 0;
}
```

现在用以下的命令编译和运行代码：

```
emcc --js-library package.js main.cc
node a.out.js
{ '0': 2236, '1': 6264 }
```

我们传入了 JavaScript 代码和额外的 3 个参数，但是 arguments 中只有 2 个元素。其中第一个参数 arguments[0] 对应 C 语言字符串指针，可以通过 Pointer_stringify 将它转为 JavaScript 字符串。第二个参数 arguments[1] 对应的是可变参数部分在 C 语言函数调用栈中的起始地址。

在 Emscripten 中，C 语言的指针是 int32 类型的，默认的 3 个参数 1,2,3 为 int 类型也是对应 int32 类型。跳过第一个参数，额外传入的 3 个参数 1,2,3 的地址依次为 arguments[1]，arguments[1]+4，arguments[1]+8。

在生成的 JavaScript 代码中，HEAP 对应 C 语言的整个内存，而 HEAP8、HEAPU8、HEAP16、HEAPU16、HEAP32、HEAPU32、HEAPF32、HEAPF64 则是内存在不同数据类型视角下的映射，它们和 HEAP 都是对应同一个内存空间。它们的工作原理类似以下的 C 语言代码：

```
void     *HEAP    = malloc(TOTAL_MEMORY);
int8_t   *HEAP8   = (int8_t *)(HEAP);
uint8_t  *HEAPU8  = (uint8_t *)(HEAP);
int16_t  *HEAP16  = (int16_t *)(HEAP);
uint16_t *HEAPU16 = (uint16_t *)(HEAP);
int32_t  *HEAP32  = (int32_t *)(HEAP);
uint32_t *HEAPU32 = (uint32_t *)(HEAP);
float    *HEAPF32 = (float *)(HEAP);
double   *HEAPF64 = (double *)(HEAP);
```

因此，我们在传入 JavaScript 脚本中可以通过 HEAP32 和可变参数对应的内存地址来访问这些 int 类型的参数：

```
#include <emscripten.h>

extern "C" void my_run_script_args(const char *s, ...);

int main() {
    auto jsCode = R"(
        console.log("arg1:", HEAP32[(arguments[1]+0)/4]);
        console.log("arg2:", HEAP32[(arguments[1]+4)/4]);
        console.log("arg3:", HEAP32[(arguments[1]+8)/4]);
    )";
    my_run_script_args(jsCode, 1, 2, 3);
    return 0;
}
```

因为 HEAP32 表示的是 int32 类型的数组, 每个元素有 4 字节, 因此需要将指针除以 4 转为 HEAP32 数组的下标索引。

如果传入的是字符串, 那么字符串指针也会被当作 int32 类型的参数传入。以下代码可以打印传入的字符串参数:

```
#include <emscripten.h>

extern "C" void my_run_script_args(const char *s, ...);

int main() {
    auto jsCode = R"(
        for(var i = 0; i < arguments.length; i++) {
            console.log(Pointer_stringify(HEAP32[(arguments[1]+4*i)>>2]));
        }
    )";
    my_run_script_args(jsCode, "hello", "world");
    return 0;
}
```

我们通过 HEAP32[(arguments[1]+4*i)>>2] 来读取第 i 个 int 类型的参数, 其中用 ptr>>2 移位运算替代了除以 4 运算。

需要注意的是, 如果传入的参数中有浮点数的话, 那么根据 Emscripten 中 C 语言的调用规范, 浮点数会当作 double 类型传入。因此, 在计算浮点数可变参数地址的时候需要 8 字节对齐。下面的代码使用 Emscripten 提供的 getValue() 函数, 可以避免自己计算下标索引:

```
#include <emscripten.h>

extern "C" void my_run_script_args(const char *s, ...);

int main() {
    auto jsCode = R"(
        console.log("arg1:", getValue(arguments[1]+8*0, "double"));
        console.log("arg2:", getValue(arguments[1]+8*1, "double"));
        console.log("arg3:", getValue(arguments[1]+8*2, "double"));
    )";
    my_run_script_args(jsCode, 1.1f, 2.2f, 3.3f);
    return 0;
}
```

如果参数中混合了浮点数、整数或指针类型的参数，则每个可变参数都需要确保根据对应类型所占用的内存大小进行对齐。下面的代码中，可变参数部分混合了几种不同大小的类型，每个参数的偏移地址需要小心处理：

```
#include <emscripten.h>

extern "C" void my_run_script_args(const char *s, ...);

int main() {
    auto jsCode = R"(
        console.log('arg1:', Pointer_stringify(getValue(arguments[1]+0, 'i32')));
        console.log('arg2:', getValue(arguments[1]+4, 'i32'));
        console.log('arg3:', getValue(arguments[1]+8, 'double'));
        console.log('arg4:', getValue(arguments[1]+16, 'i32'));
    )";
    my_run_script_args(jsCode, "hello", 43, 3.14f, 2017);
    return 0;
}
```

现在，经过我们手工打造定制的 eval() 函数已经足够强大，相较于 EM_ASM 宏函数可以支持复杂的 JavaScript 函数，相较于 emscripten_run_script() 函数则支持输入额外的可变参数。

6.4.4　eval() 函数返回字符串

在前一个 my_run_script_args() 实现中，我们已经支持了可变参数。现在我们将重点关注 eval() 返回值的处理。

eval() 具体的返回值和执行的脚本有关系，可能是简单的数值类型，也可能是 JavaScript 字符串，甚至是复杂的 JavaScript 对象。对于 C 语言来说返回值只能接受数值类型。但是数值类型无法表达 eval() 复杂的返回值。我们可以取一个折中的方案：将 eval() 的返回值转为 JavaScript 字符串，然后再转为 C 语言的字符串返回。C 语言的字符串是一个指针类型，指针实际上也是一个 32 位的整数。

我们重新命名一个 my_run_script_string() 函数，支持返回 C 字符串类型。在 package.js 文件增加它的实现：

```
// package.js
mergeInto(LibraryManager.library, {
    my_run_script_string: function(code) {
        var s = eval(Pointer_stringify(code)) + '';
        var p = _malloc(s.length+1);
        stringToUTF8(s, p, 1024);
        return p;
    },
});
```

我们先通过将 eval 的结果和一个空字符串链接转为 JavaScript 字符串类型。然后用 C 语言的 malloc() 函数为字符串分配足够的内存空间，之后用 Emscripten 提供的 stringToUTF8() 辅助函数将 JavaScript 字符串写到 C 语言的内存空间中。因为是在 JavaScript 环境，所以我们需要通过 _malloc 的方式来访问 malloc() 函数，这是由 C 语言名字修饰规范决定的。最后返回新构建的 C 语言字符串的指针。

现在可以在 C 语言中构造一个测试的代码：

```
// main.cc
#include <stdlib.h>
#include <emscripten.h>

extern "C" char* my_run_script_string(const char *s, ...);

int main() {
    char *s = my_run_script_string("'hello'");
    if(s != NULL) printf("%s\n", s);
    if(s != NULL) free(s);
    return 0;
}
```

为了简化我们直接返回了一个 JavaScript 字符串，然后用 C 语言的 printf() 函数打印返回的结果。字符串使用完之后需要手工调用 free 释放内存。

参考 Emscripten 提供的 emscripten_run_script_string() 函数实现（在 emscripten/src/library.js 文件），其内部对返回值提供了统一的管理，C 语言用户不需要也不能释放返回的字符串。这虽然会需要占用一定的内存空间，但是可以简化函数的使用。

我们可以用 my_run_script_string() 函数对象的属性来管理返回值的 C 内存空间。下面是重新实现的my_run_script_string()函数：

```
// package.js
mergeInto(LibraryManager.library, {
    my_run_script_string: function(code) {
        var s = eval(Pointer_stringify(code)) + '';
        var p = _my_run_script_string;
        if (!p.bufferSize || p.bufferSize < s.length+1) {
            if (p.bufferSize) _free(p.buffer);
            p.bufferSize = s.length+1;
            p.buffer = _malloc(p.bufferSize);
        }
        stringToUTF8(s, p.buffer, 1024*8);;
        return p.buffer;
    },
});
```

我们通过_my_run_script_string 来访问最终输出代码中 my_run_script_string()函数，用函数对象的属性来管理返回字符串的内存。这样可以减少不必要的全局对象，可以解决名字空间膨胀的问题，也可以降低缓存对象被其他代码无意破坏的风险。

当缓存属性存在并且空间足够时复用已有的内存，当已有的内存不足时重新分配足够的内存。为了保护内存的一致性，现在my_run_script_string 返回的将是不可修改的字符串对象。

C 语言中my_run_script_string 的声明需要做同步的调整，现在返回的是一个const char*类型的结果。最后需要注意一点的是，每一次调用 my_run_script_string 函数将会导致用于保存返回字符串内存的重写，以前返回的结果也就失效了。如果需要使用多次调用的返回值，可以用 C++的字符串对象生成一个本地的复制对象：

```
// main.cc
#include <stdlib.h>
#include <emscripten.h>
```

```
#include <string>

extern "C" const char* my_run_script_string(const char *s, ...);

int main() {
    std::string s0 = my_run_script_string("return 'hello'");
    std::string s1 = my_run_script_string("return 'world'");
    printf("%s, %s\n", s0.c_str(), s1.c_str());
    return 0;
}
```

至此，我们终于实现了一个近乎完美的 C 语言版本的 `eval()` 函数。

6.5　JavaScript 调用 C 导出函数

在 C 语言中，我们不仅可以通过 EM_ASM 宏的方式内联 JavaScript 代码，而且还可以通过 JavaScript 来实现 C 函数。但是 Emscripten 存在的最大价值是利用 C 代码资源和性能，也就是在 JavaScript 中调用 C 函数实现的功能。我们在最开始的 HelloWorld 程序中，JavaScript 已经通过隐式调用 C 语言的 `main()` 入口函数来实现字符串的输出。本节我们将详细探讨 JavaScript 调用 C 语言函数的技术细节。

6.5.1　调用导出函数

在 C/C++中，`main()` 函数默认是导出的函数。同时 `main()` 函数导出后对应的符号名称为 `_main`，因此我们可以通过 `Module._main` 来调用 `main()` 函数。但是如果我们重新仿照 `main()` 函数克隆一个名为 `mymain` 的函数，我们就无法通过 `Module._mymain` 来调用了！

首先说明一点，C++为了支持参数类型不同但函数名相同的函数，在编译时会对函数的名字进行修饰，也就是将名字相同但是参数类型不同的函数修饰为不同名字的符号。这也就决定了 `int mymain()` 和 `int mymain(int argc, char* argv[])` 不能映射到同一个名字为 `_mymain` 的符号！

但是在编写库的时候，我们可能依然希望不存在参数重载的 `int mymain()` 函数对应到 `_mymain` 的符号。这时候我们可以通过 C++增加的 `extern "C"` 语法来修饰函数，要求它采用 C 语言的名字修饰规则，将 mymain() 函数对应到 _mymain 符号。

下面是 C++ 中实现的 mymain() 函数，对应 C 语言的修饰规则：

```
// in C++
extern "C" int mymain() {
    printf("hello, world\n");
    return 0;
}
```

其他的 C++ 文件如果需要引用该函数，则需要以下的代码来声明该函数：

```
// in C++
extern "C" int mymain();
```

但是如果是其他的 C 语言文件要引用，则需要去掉 extern "C" 部分的语法为：

```
// in C
int mymain();
```

对公用库的作者来说，这种导出函数的声明信息一般是放在头文件之中的。但是同一个头文件，对于 C 语言和 C++ 语言的用户似乎不能很好地兼容。

我们一般可以通过 __cplusplus 来区别对待 C 语言和 C++ 语言的用户：

```
// mymain.h

#if defined(__cplusplus)
extern "C" {
#endif

int mymain();

#if defined(__cplusplus)
}
#endif
```

这样的话，我们就可以通过 Module._mymain 符号来调用 C/C++ 中的 mymain() 函数了。

但是风险依然存在。当我们使用 -O2 来优化生成代码的性能的时候，可能会出现无法找到 _mymain 符号之类的错误了。这次不是名字修复的错误，而是因为 mymain() 函数没有被 main() 函数直接或间接引用而被编译器优化掉了。

我们可以通过 <emscripten.h> 头文件中提供的 EMSCRIPTEN_KEEPALIVE 宏来阻止 emcc 编译器对函数或变量的优化。新的写法如下：

```
// in C
int EMSCRIPTEN_KEEPALIVE mymain();

// in C++
extern "C" int EMSCRIPTEN_KEEPALIVE mymain();
```

我们可以通过 `__EMSCRIPTEN__` 宏来识别是否是 Emscripten 环境。结合 `__cplusplus` 我们可以新创建一个 `CAPI_EXPORT`，来用于导出 C 函数的声明和定义：

```
#ifndef CAPI_EXPORT
#   if defined(__EMSCRIPTEN__)
#       include <emscripten.h>
#       if defined(__cplusplus)
#           define CAPI_EXPORT(rettype) extern "C" rettype EMSCRIPTEN_KEEPALIVE
#       else
#           define CAPI_EXPORT(rettype) rettype EMSCRIPTEN_KEEPALIVE
#       endif
#   else
#       if defined(__cplusplus)
#           define CAPI_EXPORT(rettype) extern "C" rettype
#       else
#           define CAPI_EXPORT(rettype) rettype
#       endif
#   endif
#endif
```

通过 `CAPI_EXPORT` 宏，我们可以这样定义 `mymain()` 函数：

```
// in C/C++
CAPI_EXPORT(int) mymain() {
    printf("hello, world\n");
    return 0;
}
```

头文件中的声明语句可以这样写：

```
// mymain.h
// for C/C++
CAPI_EXPORT(int) mymain();
```

如果只是为了简单测试，我们完全可以在一个 C++ 文件完成。下面是全部代码（因为只考虑 Emscripten 和 C++ 环境，所以简化了 `CAPI_EXPORT` 宏的处理）：

```cpp
// main.cc

#include <stdio.h>
#include <emscripten.h>

#ifndef CAPI_EXPORT
#    define CAPI_EXPORT(rettype) extern "C" rettype EMSCRIPTEN_KEEPALIVE
#endif

CAPI_EXPORT(int) mymain() {
    printf("hello, mymain\n");
    return 0;
}

int preMain = emscripten_run_script_int(R"==(
    // 禁止 main() 函数的自动运行
    Module.noInitialRun = true;
    shouldRunNow = false;

    // 调用 mymain() 函数
    Module._mymain();
)==");

int main() {
    printf("hello, world\n");
}
```

至此我们完成了由调用 main() 函数到调用自定义导出函数的革命——毕竟 main() 函数最多只有一个，而自定义导出函数则是没有限制的。

6.5.2　辅助函数 `ccall()` 和 `cwrap()`

当从 JavaScript 环境调用 C 语言函数时，函数的参数如果是 JavaScript 的 number 类型范围能够表达的类型（对应 double 类型）会采用传值操作，如果参数大于 number 类型能够表达的范围则必须通过 C 语言的栈空间传递，如果是 C 语言指针对象则采用 int 类型传递。Emscripten 内建的 ccall() 和 cwrap() 函数对数值和字符串和字节数组等常见类型提供了简单的支持。ccall() 用于调用 C 语言对应函数，cwrap() 在 ccall() 的基础之上将 C 语言函数包装为 JavaScript 风格的函数。

Emscripten 从 1.38 版本开始，运行时 ccall() 和 cwrap() 等辅助函数默认没有导出。在编译时需要通过 EXTRA_EXPORTED_RUNTIME_METHODS 参数明确导出的函数。例如，下列命令参数表示导出运行时的 ccall() 和 cwrap() 辅助函数：

```
$ emcc -s "EXTRA_EXPORTED_RUNTIME_METHODS=['ccall', 'cwrap']" main.c
```

假设有一个名为 c_add 的 C 语言函数的签名如下：

```
int c_add(int a, int b);
```

c_add() 函数的输入参数和返回值全都是 int 类型，int 类型对应 JavaScript 的 number 类型。在 JavaScript 中通过 ccall 我们可以这样调用 c_add() 函数：

```
var result = Module.ccall(
    'c_add', 'number', ['number', 'number'],
    [10, 20]
);
```

第一个参数'c_add'表示 C 语言函数的名字（没有下划线"_"前缀）。第二个参数'number'表示函数的返回值类型，对应 C 语言的 int 或 double 类型。第三个参数是一个数组表示，表示每个函数参数的类型。第四个参数也是一个数组，是用于调用'c_add'函数传入的参数。

需要说明的是，虽然在 C 语言中'c_add'函数在编译为 JavaScript 代码之后 int 类型采用 JavaScript 的 number 类型表达，但是它依然不能处理 int 类型之外的加法，因为在生成的 JavaScript 代码中会将 number 类型强制转型为 int 类型处理。

其实对应简单的 int 类型，我们完全没有必要通过 ccall 来调用。我们可以直接通过编译后的_c_add 符号来调用对应的 C 函数：

```
var result1 = Module._c_add(10, 20);
var result2 = Module._c_add.apply(null, [10, 20]);
```

ccall() 和 cwrap() 的便捷之处是对 JavaScript 的字符串和字节数组参数提供了简单的支持。

假设有名为 sayHello 的 C 函数，输入的参数为字符串：

```
void sayHello(const char* name) {
    printf("hi %s!\n", name);
}
```

通过 ccall() 函数我们可以直接以 JavaScript 字符串作为参数调用 sayHello()：

```
Module.ccall(
    'sayHello', 'null', ['string'],
    ["Emscripten"]
);
```

需要注意的是，ccall() 函数在处理 JavaScript 字符串和数组时，会临时在栈上分配足够的空间，然后将栈上的地址作为 C 语言字符串指针参数调用 sayHello() 函数。如果 JavaScript 字符串比较大，可能会导致 C 语言函数栈空间的压力。同时 array 数组类型不支持用于函数返回值，因为 JavaScript 无法从一个返回的指针中获取构建数组需要的长度信息。但是 string 类型可以用于函数的返回值，它会将返回的 C 语言字符串指针转为 JavaScript 字符串返回。

假设有名为 getVersion() 的 C 语言函数，用于返回版本信息的字符串：

```
const char* getVersion() {
    return "version-0.0.1";
}
```

通过 ccall() 函数我们可以直接调用返回 JavaScript 字符串：

```
var version = Module.ccall('getVersion', 'string');
```

由于没有输入参数，因此 Module.ccall() 在调用 getVersion() 函数时省略了函数参数类型信息和输入的参数数组。

通过 Module.ccall() 方法调用 string 类型的返回值，比较适合于返回的 C 字符串不需要释放的情形。如果返回的字符串是动态分配的需要单独释放，那么就不能使用 ccall() 函数来调用了，因为它返回 JavaScript 字符串时已经将 C 语言字符串指针丢弃了。

如果需要通过 free 释放返回的 C 语言字符串，我们需要手工调用：

```
var p = Module._getVersion();
var s = Module.Pointer_stringify(p);
Module._free(p);
```

直接调用 Module._getVersion() 函数时，返回的是 C 语言字符串指针。其中 Pointer_stringify 也是运行时函数，需要通过 EXTRA_EXPORTED_RUNTIME_METHODS 参数导出函数符号。通过 Module.Pointer_stringify(p) 函数可以将 C 语言空间的指针转化为 JavaScript 字符串。最后通过 Module._free(p) 来释放内存。

cwrap() 函数底层采用 ccall() 函数实现，它可以将 C 函数包装为一个 JavaScript 函数，在以后再次使用时就可以不用再设置函数的参数信息。例如，前面的 c_add() 函数如果需要重复使用的话,用 `cwrap()` 包装一个 JavaScript 版本的 `cwrap()` 函数是一个理想的选择:

```
var js_add = Module.cwrap('c_add', 'number',  ['number', 'number']);
var result1 = js_add(1, 2);
var result2 = js_add(3, 4);
```

在熟悉了 `ccall()` 和 `cwrap()` 的工作原理之后会发现它是一个鸡肋函数,使用起来也不是非常方便,而且存在一定的风险。不方便之处主要体现在,它只能支持 `number`、`string`、`array` 几个类型,对于 `int64` 或结构体等稍微复杂的参数无法提供支持,同时也无法支持类似 `printf()` 等可变参数的函数。而 `ccall()` 的风险主要体现在:它强烈依赖栈空间会导致栈溢出的风险增加,在转换任何字符串时都需要分配 4 倍的栈空间导致内存浪费,而对应字符串类型的返回值会有内存泄漏的风险。

6.6 运行时和消息循环

本节简要介绍 Emscripten 的运行时和消息循环。其中命令行程序一般是指用于简单工作的可以独立运行的处理程序,程序运行时很少涉及交互,运行完成后马上退出,比较适合在 Node.js 环境使用。GUI 程序则有一个可视化的窗口界面,一般用于游戏等需要长时间运行的程序,运行时根据用户的输入进行交互,这类应用比较适合在浏览器环境运行。最后对于一些可以高度复用的代码可以打包为库,便于在其他项目中链接使用。

6.6.1 Emscripten 运行时

对于含有 `main()` 函数的 C/C++代码,在浏览器或者 Node.js 加载生成的 JavaScript 代码之后,如果有 `main()` 函数的话默认会执行 `main()` 函数。为了便于理解,下面是 Emscripten 生成代码的简化版本:

```
Module['callMain'] = Module.callMain = function callMain(args) {
    var argc = ...;
    var argv = ...;

    var ret = Module['_main'](argc, argv, 0);
    exit(ret, /* implicit = */ true);
}
```

```
function run(args) {
    preRun();

    ensureInitRuntime();

    preMain();

    if (Module['_main'] && shouldRunNow) Module['callMain'](args);

    postRun();
}

// shouldRunNow refers to calling main(), not run().
var shouldRunNow = true;
if (Module['noInitialRun']) {
    shouldRunNow = false;
}

run();
```

在 Emscripten 环境，C 语言程序的整个执行流程如下：

```
run() => Module.callMain() => main() => exit(0)
```

其中 Module.callMain 是 C 语言的 main() 函数的包装版本，主要用于将 JavaScript 格式的 args 参数转换为 C 语言类型的 argc 和 argv 参数后调用。C 语言虚拟环境的初始化工作主要在 run() 函数中完成。run() 函数中，首先运行 preRun() 钩子函数，再调用 ensureInitRuntime 初始化 C 语言运行时环境，然后调用 preMain() 函数用于初始化一些 C/C++语言全局对象，至此 main() 函数的上下文环境基本就绪。然后，如果 C 语言有 main() 函数并且没有 shouldRunNow 变量为真的话就执行 main() 函数，shouldRunNow 根据 Module['noInitialRun'] 状态进行初始化。Module.callMain 在调用 main() 函数后会调用 exit() 函数注销整个运行环境。

run() 函数中 preRun() 和 postRun() 是用于 main() 函数运行前后执行用户注入的钩子函数。在调用 emcc 命令编译链接时，可以通过--pre-js 参数指定在开头注入的 js 文件，通过--post-js 参数可以指定在生成的 JavaScript 文件末尾注入指定的 js 文件。这样就可以分别注入 preRun() 和 postRun() 要执行的钩子函数。同样，我们还可以在--pre-js 文件中定制 Module 的状态参数，通过将 Module.noInitialRun 设置为 true 来禁止在加载 JavaScript 文件时自动运行 main() 函数。

我们先创建 pre.js 前置文件，对应 --pre-js 参数指定的前置钩子文件，其中只是简单地输出日志信息：

```
console.log("log: pre.js");
```

再创建 post.js 后置文件，对应 --post-js 参数指定的后置钩子文件，其中也是简单地输出日志信息：

```
console.log("log: post.js");
```

C 语言程序是最简单的打印，文件名为 hello.cc，内容如下：

```
int main() {
    printf("main\n");
}
```

通过以下命令编译运行：

```
$ emcc hello.cc --pre-js pre.js --post-js post.js
$ node a.out.js
log: pre.js
main
log: post.js
```

可以看到 pre.js、post.js 中的代码分别在 main() 函数之前和之后被执行了。需要注意的是，JavaScript 中代码的先后布局顺序，并不能完全保证 pre.js 在 main() 函数之前输出，也不能保证 post.js 在 main() 函数之后输出。查看生成的 js 文件，可以发现在文件的开头和末尾可以看到 pre.js 和 post.js 的代码被插入了生成的 js 文件中了。

如果不希望 main() 函数在载入 js 文件的时候自动运行，我们可以在 pre.js 前置文件中设置 Module.noInitialRun 为 true。pre.js 代码如下：

```
var Module;

if (typeof Module === 'undefined') Module = {};

Module.noInitialRun = true;
```

我们先声明一个 Module 对象，如果 Module 对象不存在的话则创建一个新的对象。然后将 Module 对象的 noInitialRun 属性设置为 true。这样 main() 函数就不会被自动执行了。

即使 main() 不被自动执行，main() 函数也是有效的。根据 C 语言的规范，main() 函数在编译后会生成一个 _main 符号。在 Emscripten 生成代码中，_main 对应 JavaScript

版本的 main() 函数。

先不考虑 main() 函数的参数，我们可以通过 Module._main() 手工调用 main() 函数，这时没有任何参数。手工调用 main() 函数的代码可以放到 post.js 文件中。这样就可以用 Node.js 运行程序了。

即使 C 语言的 main() 函数声明了参数，在 JavaScript 调用 main() 函数时也可以忽略参数。如果忽略 main() 函数的参数，argc 会用空值 0 代替，argv 会对应一个空指针。

我们可以用 Module.cwrap() 函数将 C 语言接口的 main() 函数包装为 JavaScript 版本的 main() 函数：

```
main = Module.cwrap('main', 'number', [])
main()
```

Module.cwrap() 函数的第一个参数是函数在 C 语言中的名字（不包含下划线前缀），第二个参数是一个值为 "number" 的字符串，表示 C 语言中函数返回值的类型是 int 或指针，第三个参数是一个空数组表示没有参数。

对于包含命令行参数的 main() 函数，我们可以用以下的代码包装：

```
main = Module.cwrap('main', 'number', ['number', 'number'])
```

第三个参数说明部分现在是一个数字，表示有两个参数，均为 int 类型整数或指针。根据 C 语言中的 main() 函数定义可以知道，第二个参数对应一个 char *argv[] 二级指针。

在新的包装函数中，main() 函数的第二个参数对应一个二级指针，指针指向的是 C 语言内存空间的一个字符串数组。要想使用包装后的 JavaScript 版本 main() 函数，需要先在 C 语言内存上构造相应内存结构的字符串数组。

6.6.2 消息循环

Emscripten 主要面向希望运行在浏览器中前端程序，或者是将 C 程序转换为 JavaScript 供其他部分调用，以及用 Node.js 运行的小程序。如果是 C/C++编写的服务器后台程序，一般没必要转为 JavaScript 后运行，因为 Node.js 应该是可以直接调用本地的应用的。其中 C/C++编写的小程序最简单，Emscripten 会自动运行其中的 main() 函数。如果是 C/C++库，只需要导出必要的接口函数就可以了，如果含有 main() 函数则需要避免自动运行 main() 函数（如前文所说，main() 函数也可当作普通函数）。相对麻烦的是 main() 函数需要长时间运行。

在很多窗口程序或游戏程序中，main()函数会有一个消息循环，用于处理各种交互事件和更新窗口。下面是这类程序的简化结构：

```
int main() {
    init();
    while(is_game_running()) {
        do_frame();
    }
    return 0;
}
```

类似 init()的函数用于初始化工作，然后在循环中调用 do_frame()更新每一帧场景，处理循环，通过 is_game_running()类似函数判断程序是否需要退出循环。

这种结构的 C/C++程序直接转为 JavaScript 后，是不适合在浏览器中运行的。因为，main()函数中的循环会阻塞，main()函数后面的代码无法运行，同时浏览器中的各种事件无法被正常处理，从而导致整个程序呈现假死的情形。JavaScript 本身是一种自带消息循环的编程语言，改进的思路是将 do_frame()函数放到 JavaScript 消息循环中。Emscripten 为此提供了专有的 emscripten_set_main_loop()和 emscripten_set_main_loop_arg()函数，用于向 JavaScript 消息循环注册处理函数，同时提供了emscripten_cancel_main_loop()用于退出主消息循环。

下面是改进后的程序结构：

```
#include <emscripten.h>

void do_web_frame() {
    if(!is_game_running()) {
        emscripten_cancel_main_loop();
        return;
    }
    do_frame();
}

int main() {
    init();
    emscripten_set_main_loop(do_web_frame, 0, 0);
    return 0;
}
```

emscripten_set_main_loop()依然有一个消息循环，main()函数依然不会马上退出。但是 emscripten_set_main_loop()的消息循环内部会即时处理浏览器正常的消息。

如果要处理键盘等消息，我们可以在进入主消息循环之前注册相关的事件处理函数：

```
#include <emscripten.h>
#include <emscripten/html5.h>

int key_callback(int eventType, const EmscriptenKeyboardEvent *keyEvent, void *
userData) {
    printf("eventType: %d, %s, %s\n", eventType, keyEvent->key, keyEvent->code);
    return 0;
}

int main() {
    emscripten_set_canvas_element_size("#canvas", 1024, 768);
    emscripten_set_keydown_callback(0, 0, 1, key_callback);

    emscripten_set_main_loop(do_web_frame, 0, 0);
    return 0;
}
```

其中 emscripten_set_canvas_element_size() 用于设置画布的尺寸，emscripten_
set_keydown_callback() 用于设置键盘消息的处理函数。基于这种结构，我们可以
完全在 C/C++ 环境中处理相关的消息循环，如图 6-3 所示。

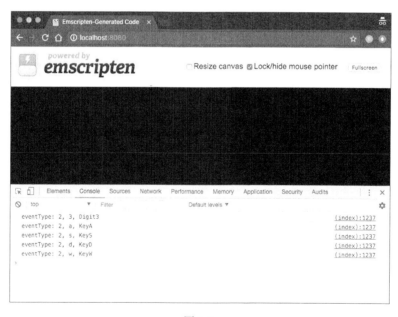

图 6-3

例如，SDL 就是一个 C 语言开发的跨平台多媒体开发库，主要用于开发游戏、模拟器、媒体播放器等多媒体应用领域。下面是针对 Emscripten 环境改造的消息循环处理流程：

```
#include <SDL.h>
#include <emscripten.h>

SDL_Surface* screen = NULL;

void do_web_frame() {
    SDL_Event event;
    while(SDL_PollEvent(&event)) {
        switch(event.type) {
        case SDL_QUIT:
            break;

        case SDL_MOUSEMOTION:
            printf("mouse(x, y): (%d, %d)\n", event.button.x, event.button.y);
            fflush(stdout);
            break;
        }
    }
}

int main() {
    SDL_Init(SDL_INIT_VIDEO);
    screen = SDL_SetVideoMode(1024, 768, 32, SDL_ANYFORMAT);

    // 在 do_web_frame 中通过 SDL_PollEvent 获取输入消息
    emscripten_set_main_loop(do_web_frame, 0, 0);
    return 0;
}
```

通过 emcc hello-sdl.cc -o index.html 命令可针对该程序生成对应的网页文件和 JavaScript 文件。用浏览器打开 index.html 页面的话，上面会看到一个画布区域，下面黑色窗口用于显示 printf() 函数的输出。当鼠标在画布区域移动时，可以在输出窗口看到鼠标的坐标信息，如图 6-4 所示。

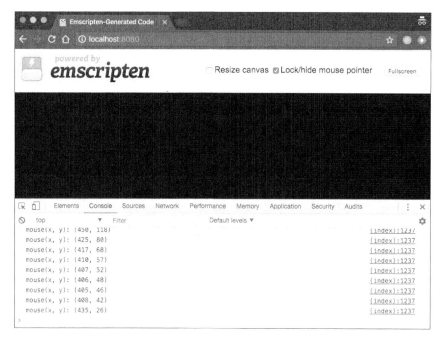

图 6-4

当然，如果读者对 JavaScript 熟悉的话，完全可以在 JavaScript 处理消息循环。然后在消息循环中根据需要调用 C/C++ 语言中的 do_web_frame() 函数。这种模式完全抛弃了 main() 入口函数，C/C++ 程序只是作为一个外部的库存在了，这也是最灵活的一种方式。

6.7 补充说明

Emscripten 最早基于 asm.js 实现，为 JavaScript 社区带来了 C/C++ 开源的庞大的软件资源。JavaScript 社区有一句名言：任何可以用 JavaScript 实现的终将用 JavaScript 实现。其实这句话有点儿偏颇，因为目前大量的 JavaScript 代码并不是手写而是用工具生成的，JavaScript 只是作为编译目标存在。随着 WebAssembly 标准的诞生，WebAssembly 将会逐渐代替 JavaScript 的地位成为标准的目标汇编语言。

第 7 章

Go 语言和 WebAssembly

WebAssembly 和 JavaScript 并不是竞争关系，它的终极目标是为从底层的 CPU 到上层的动态库构建可移植的标准，以后不仅 C/C++、Go、JavaScript 和 Java 等高级语言可以运行在 WebAssembly 虚拟机之上，而且将会出现针对 WebAssembly 平台规范设计包管理系统和操作系统。

——chai2010

Go 语言是流行的新兴编程语言之一，目前已经开始称霸云计算等领域。从 Go 1.11 开始，WebAssembly 开始作为一个标准平台被官方支持，这说明了 Go 语言官方团队也认可了 WebAssembly 平台的重要性和巨大潜力。目前 Go 语言社区已经有众多与 WebAssembly 相关的开源项目，例如，有很多开源的 WebAssembly 虚拟机就是采用 Go 语言实现的。本章将介绍 Go 语言和 WebAssembly 相关的技术。

7.1 你好，Go 语言

Go 语言是一种极度精简的编译型语言，诞生时间已经超过十年。本章假设读者已经有一定的 Go 语言使用经验。读者如果想深入了解 Go 语言，可以从 Go 语言官方团队成员写的《Go 语言程序设计》（*The Go Programming Language*）和作者写的《Go 语言高级编程》等教程开始学习。我们先看看 Go 语言如何输出"你好，WebAssembly"信息。

先建设已经安装了 Go1.11+版本的 Go 语言环境。然后创建 hello.go 文件：

```
package main

import (
    "fmt"
)

func main() {
    fmt.Println("你好，WebAssembly")
}
```

我们简单介绍一下这个 Go 程序。第一部分 package 语句表示当前的包名字为 main。第二部分的 import 语言导入了名为 fmt 的包，这个包提供了诸多与格式化输出相关的函数。第三部分的 func 语句定义了一个名为 main 的函数，后面用花括号包含的部分是函数的主体代码。在 main() 函数的主体代码部分，通过导入的 fmt 包提供的 Println() 方法输出了字符串。根据 Go 语言的规范，main 包内的 main() 函数是程序的入口。

对于 macOS 或 Linux 等类 UNIX 系统，可以通过以下命令直接运行 Go 语言程序：

```
$ export GOOS=js
$ export GOARCH=wasm
$ go run -exec="$(go env GOROOT)/misc/wasm/go_js_wasm_exec" hello.go
你好，Go 语言
```

其中 GOOS 环境变量对应的操作系统名为 js，GOARCH 对应的 CPU 类型为 wasm。go 命令通过-exec 参数指定$(GOROOT)/misc/wasm/go_js_wasm_exe 脚本为真实的启动执行命令。go_js_wasm_exe 脚本会自动处理 Go 语言运行时初始化等操作。go test 单元测试命令通过类似的方式运行。

对于不支持 go_js_wasm_exe 脚本的操作系统，则可以先将 Go 程序编译为 wasm 模块。例如，Windows 系统可以通过以下命令编译生成 wasm 文件：

```
C:\hello\> set GOARCH=wasm
C:\hello\> set GOOS=js
C:\hello\> go build -o a.out.wasm hello.go
```

在生成的 a.out.wasm 文件中包含了完整的 Go 语言运行时环境，因此模块文件的体积可能超过 2 MB 大小。如果本地机器安装了 wasm2wat 反汇编工具，可以用以下命令将反汇编的结果输出到一个文件：

```
$ wasm2wat a.out.wasm -o a.wasm2wat.txt
```

反汇编之后的是文本格式的 WebAssembly 程序，体积可能是二进制格式的几十倍，需要采用专业的编辑工具才能打开查看。如果反汇编结果正常就说明 Go 语言已经可以正常输出为 WebAssembly 模块了。

下面可以尝试用 Node.js 提供的 node 命令在命令行环境直接执行 a.out.wasm 文件：

```
$ node a.out.wasm
/path/to/hello/a.out.wasm:1
(function (exports, require, module, __filename, __dirname) {

SyntaxError: Invalid or unexpected token
    at new Script (vm.js:74:7)
    at createScript (vm.js:246:10)
    at Object.runInThisContext (vm.js:298:10)
    at Module._compile (internal/modules/cjs/loader.js:657:28)
    at Object.Module._extensions..js (internal/modules/cjs/loader.js:700:10)
    at Module.load (internal/modules/cjs/loader.js:599:32)
    at tryModuleLoad (internal/modules/cjs/loader.js:538:12)
    at Function.Module._load (internal/modules/cjs/loader.js:530:3)
    at Function.Module.runMain (internal/modules/cjs/loader.js:742:12)
    at startup (internal/bootstrap/node.js:266:19)
$
```

用 Node.js 的 node 命令直接执行 Go 语言输出的 WebAssembly 模块时遇到了错误。分析错误时的函数调用栈信息，可以推测 Go 语言执行 main.main() 函数之前没有正确地初始化 Go 语言运行时环境导致错误。Go 语言运行时的初始化是一个相对复杂的工作，因此 Go 语言提供了一个 wasm_exec.js 文件用于初始化或运行的工作。同时提供了一个基于 node 命令包装的 go_js_wasm_exec 脚本文件，用于执行 Go 语言生成的 WebAssembly 模块前调用 wasm_exec.js 文件进行运行时的初始化工作。

go_js_wasm_exec 脚本类似 node wasm_exec.js 命令的组合。我们可以通过以下命令来执行 a.out.wasm 模块（需要将 wasm_exec.js 文件先复制到当前目录）：

```
$ node wasm_exec.js a.out.wasm
你好, Go 语言
```

7.2　浏览器中的 Go 语言

在上一节中，我们已经在命令行环境成功运行了 Go 语言生成的 WebAssembly 模块。本节，我们将学习如何在浏览器环境运行 WebAssembly 模块。在浏览器环境运行 Go 语言生成的 WebAssembly 模块同样需要通过 node wasm_exec.js 文件初始化 Go 语言运行时环境。

要在浏览器运行 WebAssembly 模块，首先序言准备一个 index.html 文件：

```
<!doctype html>

<html>
<head>
<title>Go wasm</title>
</head>

<body>
<script src="wasm_exec.js"></script>
<script src="index.js"></script>

<button onClick="run();" id="runButton">Run</button>
</body>
</html>
```

其中第一个 script 结点包含了 wasm_exec.js 文件，用于准备用于初始化 Go 语言运行时环境的 Go 类对象。真正的 Go 运行时的初始化工作在 index.js 文件中完成。最后在 HTML 页面放置一个按钮，当按钮被点击时通过在 dinex.js 提供的 run() 函数启动 Go 语言的 main() 函数。

初始化的代码在 index.js 文件提供：

```
const go = new Go();
let mod, inst;

WebAssembly.instantiateStreaming(
    fetch("a.out.wasm"), go.importObject
).then(
    (result) => {
        mod = result.module;
```

```
        inst = result.instance;
        console.log("init done");
    }
).catch((err) => {
    console.error(err);
});

async function run() {
    await go.run(inst);

    // reset instance
    inst = await WebAssembly.instantiate(
        mod, go.importObject
    );
}
```

　　首先构造一个 Go 运行时对象，Go 类是在 wasm_exec.js 文件中定义。然后通过 JavaScript 环境提供的 WebAssembly 对象接口加载 a.out.wasm 模块，在加载模块的同时 注入了 Go 语言需要的 go.importObject() 辅助函数。当加载完成时将模块对象和模 块的实例分别保持到 mode 和 inst 变量中，同时打印模块初始化完成的信息。

　　为了便于在页面触发 Go 语言的 main() 函数，index.js 文件还定义了一个 run() 异 步函数。在 run() 函数内部，首先通过 await go.run(inst) 异步执行 main() 函数。 当 main() 函数退出后，再重新构造运行时实例。

　　如果运行环境不支持 WebAssembly.instantiateStreaming() 函数，可以通 过以下代码填充一个模拟实现：

```
if (!WebAssembly.instantiateStreaming) { // polyfill
    WebAssembly.instantiateStreaming = async (resp, importObject) => {
    const source = await (await resp).arrayBuffer();
    return await WebAssembly.instantiate(source, importObject);
    };
}
```

　　然后在当前目录启动一个 Web 服务，就可以在浏览器查看页面了，如图 7-1 所示。
　　需要说明的是，必须在模块初始化工作完成后点击按钮运行 main() 函数。多次点 击按钮和多次运行 Go 程序类似，之前运行时的内存状态不会影响当前的内存，每次运 行的内存状态是独立的。

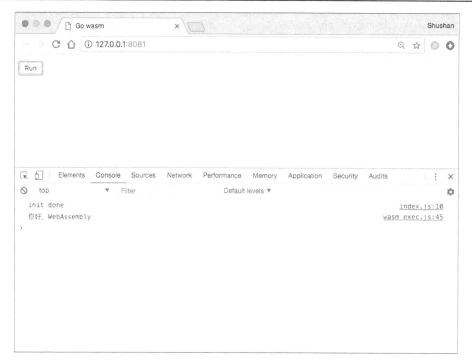

图 7-1

7.3 使用 JavaScript 函数

Go 语言输出的 WebAssembly 模块已经可以在 Node.js 或浏览器环境运行，在这一节我们将进一步尝试在 Go 语言中使用宿主环境的 JavaScript 函数。在跨语言编程中，首先要解决的问题是两种编程语言如何交换数据。在 JavaScript 语言中，总共有空值、未定义、布尔值、数字、字符串、对象、符号和函数 8 种类型。JavaScript 语言的 8 种类型都可以通过 Go 语言提供的 syscall/js 包中的 Value 类型表示。

在 JavaScript 语言中，可以通过 self 来获取全局的环境对象，它一般对应浏览器的 window 对象，或者是 Node.js 环境的 global 对象。我们可以通过 syscall/js 包提供的 Global() 函数获取宿主 JavaScript 环境的全局对象：

```go
import (
    "syscall/js"
)

func main() {
```

```
        var g = js.Global()
}
```

js.Global() 返回的全局对象是一个 Value 类型的对象。因此可以使用 Value 提供的 Get 方法获取全局对象提供的方法：

```
func main() {
        var g = js.Global()
        var console = g.Get("console")
        var console_log = console.Get("log")
}
```

以上代码首先是通过全局对象获取内置的 console 对象，然后再从 console 对象获取 log() 方法。在 JavaScript 中方法也是一种对象，在获取到 console.log() 函数之后，就可以通过 Value 提供的 Invoke() 调用函数进行输出：

```
func main() {
        var g = js.Global()
        var console = g.Get("console")
        var console_log = console.Get("log")

        console_log.Invoke("hello wasm!")
}
```

上述代码的功能和 JavaScript 中的 console.log("hello wasm!") 语句是等价的。如果是在浏览器环境，还可以调用内置的 alert() 函数在弹出的对话框输出信息：

```
package main

import (
        "syscall/js"
)

func main() {
        alert := js.Global().Get("alert")
        alert.Invoke("Hello wasm!")
}
```

在浏览器中，全局对象和 window 对象是同一个对象。因此全局对象的 alert() 函数就是 window.alert() 函数。虽然输出的方式有所不同，不过 alert 和 console.log 的调用方式却是非常相似的。

在 JavaScript 语言中，还提供了可以运行 JavaScript 代码的 eval() 函数。我们可以通过 Value 类型的 Call() 函数直接调用全局对象提供的 eval() 函数：

```go
func main() {
    js.Global().Call("eval", '
        console.log("hello, wasm!");
    ')
}
```

上述代码通过在 eval() 函数，直接执行 console.log() 输出字符串。采用这种技术，可以方便地在 JavaScript 中进行复杂的初始化操作。

7.4 回调 Go 函数

在前一节中，我们已经了解了如何在 Go 语言中调用宿主提供的 JavaScript 函数的方法。在本节我们将讨论在 JavaScript 中回调 Go 语言实现的函数。

syscall/js 包中提供的 js.Callback 回调类型可以将 Go 函数包装为 JavaScript 函数。JavaScript 语言中函数是一种基本类型，可以将函数作为方法绑定到对象的属性中。

下面的代码展示了如何将 Go 语言的 println() 函数绑定到 JavaScript 语言的全局对象：

```go
func main() {
    var cb = js.NewCallback(func(args []js.Value) {
        println("hello callback")
    })
    js.Global().Set("println", cb)

    println := js.Global().Get("println")
    println.Invoke()
}
```

首先通过 js.NewCallback 将 func(args []js.Value) 类型的函数参数包装为 js.Callback 回调函数类型，在参数函数中调用了 Go 语言的 println() 函数。然后通过 js.Global() 获取 JavaScript 的全局对象，并通过全局对象的 Set 方法将刚刚构建的回调函数绑定到名为"println"的属性中。

当 Go 语言函数绑定到全局对象之后，就可以按照普通 JavaScript 函数的方式使用该函数了。在例子中，我们再次通过 js.Global() 返回的全局对象，并且获取刚刚绑定的 println() 函数。获取的 println() 函数也是 js.Value 类型，因此可以通过该类型的 Invoke() 方法调用函数。

　　上述代码虽然将 Go 语言函数绑定到 JavaScript 语言的全局对象，但是测试运行时可能并不能看到输出信息。这是因为 JavaScript 回调 Go 语言函数是在后台 Goroutine 中运行的，而当 main() 函数退出导致主 Goroutine 也退出时，程序就提前结束导致无法看到输出结果。

　　要想看到输出结果，一个临时的解决方案是在 main() 函数退出前休眠一段时间，让后台 Goroutine 有机会完成回调函数的执行：

```go
func main() {
    js.Global().Set("println", js.NewCallback(func(args []js.Value) {
        println("hello callback")
    }))

    println := js.Global().Get("println")
    println.Invoke()

    time.Sleep(time.Second)
}
```

　　一般情况下，现在就可以看到输出结果了。

　　我们刚刚包装的 println() 函数并不支持参数，只能输出固定的信息。下面我们继续改进 println() 函数，为参数增加可变参数支持：

```go
js.Global().Set("println", js.NewCallback(func(args []js.Value) {
    var goargs []interface{}
    for _, v := range args {
        goargs = append(goargs, v)
    }
    fmt.Println(goargs...)
}))
```

　　在新的实现中，我们首先将 []js.Value 类型的参数转换为 []interface{} 类型的参数，底层再调用 fmt.Println() 函数将可变的参数全部输出。

　　然后我们可以在 JavaScript 中直接使用 println() 函数进行输出：

```go
js.Global().Call("eval", '
    println("hello", "wasm");
    println(123, "abc");
')
```

　　为了保证每个 println() 回调函数在后台 Goroutine 中完成输出工作，我们还需要为回调函数增加消息同步机制。下面是改进之后的完整代码：

```
func main() {
    var g = js.Global()
    var wg sync.WaitGroup

    g.Set("println", js.NewCallback(func(args []js.Value) {
        defer wg.Done()

        var goargs []interface{}
        for _, v := range args {
            goargs = append(goargs, v)
        }

        fmt.Println(goargs...)
    }))

    wg.Add(2)
    g.Call("eval", '
        println("hello", "wasm");
        println(123, "abc");
    ')

    wg.Wait()
}
```

我们通过 `sync.WaitGroup()` 来确保每个回调函数都完成输出工作了。在每次回调函数返回前，通过 `wg.Done()` 调用标记完成一个等待事件。然后在 JavaScript 中执行两个 `println()` 函数调用之前，通过 `wg.Add(2)` 先注册两个等待事件。最后在 `main()` 函数退出前通过 `wg.Wait()` 确保全部调用已经完成。

7.5 `syscall/js` 包

当 Go 语言需要调用底层系统的功能时，需要通过 `syscall` 包提供的系统调用功能。而针对 WebAssembly 平台的系统调用在 `syscall/js` 包提供。要想灵活使用 WebAssembly 的全部功能，需要熟练了解 `syscall/js` 包的每个功能。

可以通过 `go doc` 命令查看包的文档，通过将 GOARCH 和 GOOS 环境变量分别设置为 wasm 和 js 表示查看 WebAssembly 平台对应的包文档：

```
$ GOARCH=wasm GOOS=js go doc syscall/js
package js // import "syscall/js"

Package js gives access to the WebAssembly host environment when using the
js/wasm architecture. Its API is based on JavaScript semantics.

This package is EXPERIMENTAL. Its current scope is only to allow tests to
run, but not yet to provide a comprehensive API for users. It is exempt from
the Go compatibility promise.

type Callback struct{ ... }
funcNewCallback(fn func(args []Value)) Callback
funcNewEventCallback(flags EventCallbackFlag, fn func(event Value)) Callback
type Error struct{ ... }
type EventCallbackFlag int
    const PreventDefaultEventCallbackFlag = 1 << iota ...
type Type int
    const TypeUndefined Type = iota ...
type TypedArray struct{ ... }
funcTypedArrayOf(slice interface{}) TypedArray
type Value struct{ ... }
func Global() Value
func Null() Value
func Undefined() Value
funcValueOf(x interface{}) Value
type ValueError struct{ ... }
```

syscall/js 包提供的功能，其中最重要的是 Value 类型，可以表示任何的
JavaScript 对象。而 Callback 则表示 Go 语言回调函数，底层也是一种特殊的 Value
类型。而 Type 则用于表示 JavaScript 语言中 8 种基础数据类型，其中 TypedArray 则
是对应 JavaScript 语言中的带类型的数组。最后 ValueError 和 Error 表示相关的错误
类型。

我们先看看最重要的 Value 类型的文档：

```
$ GOARCH=wasm GOOS=js go doc syscall/js.Value
type Value struct {
    // Has unexported fields.
}
    Value represents a JavaScript value.
```

```
func Global() Value
func Null() Value
func Undefined() Value
funcValueOf(x interface{}) Value
func (v Value) Bool() bool
func (v Value) Call(m string, args ...interface{}) Value
func (v Value) Float() float64
func (v Value) Get(p string) Value
func (v Value) Index(i int) Value
func (v Value) InstanceOf(t Value) bool
func (v Value) Int() int
func (v Value) Invoke(args ...interface{}) Value
func (v Value) Length() int
func (v Value) New(args ...interface{}) Value
func (v Value) Set(p string, x interface{})
func (v Value) SetIndex(i int, x interface{})
func (v Value) String() string
func (v Value) Type() Type
$
```

Value 类型实现是一个结构体类型，结构体并没有导出内部成员。Value 类型的
Global() 构造函数用于返回 JavaScript 全局对象，Null() 构造函数用于构造 null 对
象，Undefined() 构造函数用于构造 Undefined 对象，ValueOf 则是将 Go 语言类型
的值转换为 JavaScript 对象。

ValueOf() 构造函数中 Go 参数类型和 JavaScript 语言基础类型的对应关系如表 7-1
所示。

表 7-1

Go	JavaScript
js.Value	[值]
js.TypedArray	[带类型的数组]
js.Callback	函数
nil	null
bool	boolean
integers and floats	number
string	string

js.Value 类型值表示一个 JavaScript 对象,js.TypedArray 类型值对应 JavaScript 中的类型数组,js.Callback 类型值对应 JavaScript 函数对象,nil 对应 null 类型,bool 类型对应 boolean 类型,整数或浮点数统一使用 number 双精度浮点数类型表示,Go 语言的字符串对应 JavaScript 字符串类型。需要注意的是,JavaScript 中的 Undefined 类型必须通过构造函数创建,而 Symbol 类型目前无法直接在 Go 语言中创建(可以通过 JavaScript 函数创建再返回)。

js.Value 类型提供的方法比较多,我们选择比较重要的方法简单介绍下。其中 Call 和 Invoke 均用于调用函数,区别是前者需要显式传入 this 参数。而 New 方法则用于构造类对象。Type 方法用于返回对象的类型,InstanceOf 方法用于判断是否是某种类型的对象实例。其中 Get 和 Set 方法可以用于获取和设置对象的成员。

此外还有回调函数等类型,在前文我们已经简单学习过回调函数的使用,这里不再赘述。

7.6　WebAssembly 模块的导入函数

在 WebAssembly 技术规范中,模块可以导入外部的函数或导出内部实现的函数。不过 Go 语言生成的 WebAssembly 模块中并无办法定制或扩展导入函数,同时 Go 语言实现函数也无法以 WebAssembly 的方式导出供宿主环境使用。Go 语言已经明确了需要导入的一组函数,通过学习这些导入函数的实现可以帮助了解 Go 语言在 WebAssembly 环境工作的方式。

在查看导入函数之前先看看 Go 语言生成的 WebAssembly 模块导出了哪些元素。通过查看 Go 语言生成的 WebAssembly 模块,可以发现只导出了两个元素:

```
(module
    (export "run" (func $_rt0_wasm_js))
    (export "mem" (memory 0))
)
```

其中 run() 是启动程序的函数,模块在 Go 语言包初始化就绪后会执行 main.main() 函数(如果是命令行含有-test 参数则会进入单元测试流程)。而 mem 是 Go 语言内存对象。

在初始化 WebAssembly 模块实例时,需要通过导入函数的方式提供 runtime 包底层函数的一些实现。通过查看生成的 WebAssembly 模块文件,可以得知有以下的 runtime 包函数被导入了:

```
func runtime.wasmExit(code int32)
func runtime.wasmWrite(fd uintptr, p unsafe.Pointer, n int32)
func runtime.nanotime() int64
func runtime.walltime() (sec int64, nsec int32)
func runtime.scheduleCallback(delay int64) int32
func runtime.clearScheduledCallback(id int32)
func runtime.getRandomData(r []byte)
```

其中 wasmExit() 函数表示退出 Go 语言实例，wasmWrite() 函数向宿主环境的 I/O 设备输出数据，nanotime() 和 walltime() 函数分别对应时间操作，而 scheduleCallback() 和 clearScheduledCallback() 函数则用于 Go 回调函数资源的调度和清理，getRandomData() 函数用于生成加密标准的随机数据。

导入函数的参考实现由 Go 语言提供的 wasm_exec.js 文件定义。这些导入的 runtime 包的函数都是采用 Go 语言的内存约定实现，输入的参数必须通过当前栈寄存器相关位置的内存获取，函数执行的返回值也需要根据函数调用规范放到相应的内存位置。

例如，wasmWrite 导入函数的实现如下：

```
this.importObject = {
    go: {
        // funcwasmWrite(fd uintptr, p unsafe.Pointer, n int32)
        "runtime.wasmWrite": (sp) => {
            const fd = getInt64(sp + 8);
            const p = getInt64(sp + 16);
            const n = mem().getInt32(sp + 24, true);
            fs.writeSync(fd, new Uint8Ar(this._inst.exports.mem.buffer, p, n));
        }
    }
}
```

JavaScript 实现的 wasmWrite() 函数只有一个 sp 参数，sp 参数表示栈寄存器 SP 的状态。然后根据寄存器的值从内存相应的位置读取 wasmWrite 真实函数对应的 3 个参数。最后通过获取的 3 个参数调用宿主环境的 fs.writeSync() 函数实现输出操作。

导入函数除包含 runtime 包的一些基础函数之外，还包含了 syscall/js 包的某些底层函数的实现：

```
funcsyscall/js.stringVal(value string) ref
funcsyscall/js.valueGet(v ref, p string) ref
funcsyscall/js.valueSet(v ref, p string, x ref)
funcsyscall/js.valueIndex(v ref, i int) ref
```

```
funcsyscall/js.valueSetIndex(v ref, i int, x ref)
funcsyscall/js.valueCall(v ref, m string, args []ref) (ref, bool)
funcsyscall/js.valueNew(v ref, args []ref) (ref, bool)
funcsyscall/js.valueLength(v ref) int
funcsyscall/js.valuePrepareString(v ref) (ref, int)
funcsyscall/js.valueLoadString(v ref, b []byte)
funcsyscall/js.valueInstanceOf(v ref, t ref) bool
```

这些底层函数和 `syscall/js` 对外提供的函数基本是对应的，它们通过 JavaScript
实现相关的功能。

例如，调用 JavaScript 函数的 `Invoke()` 函数实现如下：

```
this.importObject = {
    go: {
        // func valueInvoke(v ref, args []ref) (ref, bool)
        "syscall/js.valueInvoke": (sp) => {
            try {
                const v = loadValue(sp + 8);
                const args = loadSliceOfValues(sp + 16);
                storeValue(sp + 40, Reflect.apply(v, undefined, args));
                mem().setUint8(sp + 48, 1);
            } catch (err) {
                storeValue(sp + 40, err);
                mem().setUint8(sp + 48, 0);
            }
        }
    }
}
```

Go 语言函数参数依然用表示栈寄存器的 `sp` 参数传入。在将 Go 语言格式的参数转
为 JavaScript 语言格式的参数之后，通过 `Reflect.apply` 调用 JavaScript 函数。最后通
过 `mem().setUint8(sp+48, 1)` 将结果写入内存返回。

此外 Go 语言生成的 WebAssembly 模块还导入了一个 `debug()` 函数：

```
this.importObject = {
    go: {
        "debug": (value) => {
            console.log(value);
        }
    }
}
```

debug()函数底层通过 `console.log()`实现调试信息输出功能。

通过分析 Go 语言的运行机制可以发现,Go 语言实现的 WebAssembly 模块必须有自己独立的运行时环境。当 main 启动时 Go 运行时环境就绪,当 main()函数退出时 Go 运行时环境销毁。因此导出到 JavaScript 的 Go 语言函数只有在 main()函数运行时才可以正常使用,当 main()函数退出后 Go 回调函数将无法被使用。

而 Go 语言的 main()函数是一个阻塞执行的函数,因此使用 Go 语言开发 WebAssembly 应用时最好在 Go 语言的 main()函数处理消息循环,否则维持阻塞执行的 main()函数运行状态将是一个问题。另一个解决思路是在一个独立的 WebWorker 中运行 Go 语言生成的 WebAssembly 模块,其他的 JavaScript 通过类似 RPC 的方式调用 Go 语言函数,而 WebWorker 之间的通信机制可以作为 RPC 数据的传输通道。

7.7　WebAssembly 虚拟机

前面的内容我们主要介绍了如何用 Go 语言编写 WebAssembly 模块。本节我们将讨论如何在 Node.js 浏览器环境之外运行一个 WebAssembly 模块。

目前在开源社区已经有诸多 WebAssembly 虚拟机的项目出现。本节我们将演示如何通过 Go 语言启动一个 WebAssembly 虚拟机,然后通过虚拟机查看 WebAssembly 模块的信息并运行模块中导出的函数。

为了便于理解,我们通过 WebAssembly 汇编语言构造一个简单的模块,模块只有一个 add()导出函数:

```
(module
    (export "add" (func $add))

    (func $add (param i32 i32) (result i32)
        get_local 0
        get_local 1
        i32.add
    )
)
```

汇编语言对应 add.wat 文件,可以通过 `wat2wasm add.wat` 命令构建一个 add.wasm 二进制模块。

在 Go 语言社区中已经存在很多和 WebAssembly 相关的项目,其中 go-interpreter 项目提供的虚拟机可以实现 WebAssembly 二进制模块的加载和执行:

```
import (
    "github.com/go-interpreter/wagon/exec"
    "github.com/go-interpreter/wagon/wasm"
)

func main() {
    f, err := os.Open("add.wasm")
    if err != nil {
        log.Fatal(err)
    }
    defer f.Close()

    m, err := wasm.ReadModule(f, nil)
    if err != nil {
        log.Fatal(err)
    }
}
```

在 main() 函数的开始部分，先读取刚刚生成的 **add.wasm** 二进制模块。然后通过 wasm.ReadModule() 函数解析并加载文件中的模块内容。如果二进制模块还需要导入其他模块，则可以通过第二个参数传入的 wasm.ResolveFunc 类型的模块加载器实现。

模块成功加载之后就可以查看模块导出了哪些元素：

```
for name, e := range m.Export.Entries {
fidx := m.Function.Types[int(e.Index)]
    ftype := m.Types.Entries[int(fidx)]
fmt.Printf("%s: %#v: %v \n", name, e, ftype)
}
```

首先是通过 m.Export.Entries 遍历全部导出的元素，然后通过每个元素中的 e.Index 成员确认元素的编号。元素的编号是最重要的信息，通过编号和对应的类型就可以解析元素更详细的信息。在 **add.wasm** 模块只导出了一个 add() 函数，因此我们可以通过编号从 m.Function.Types 查询信息得到函数的类型信息。

运行这个例子，将看到以下输出：

```
add: wasm.ExportEntry{FieldStr:"add", Kind:0x0, Index:0x0}: <func [i32 i32] ->
[i32]>
```

表示导出的是一个名字为 add 的函数，元素的类型为 0 表示是一个函数类型，元素对应的内部索引为 0。函数的类型为`<func [i32 i32] -> [i32]>`，表示输入的是两个 `int32` 类型的参数，有一个 `int32` 类型的返回值。

在获取到模块的导出函数信息之后，就可以根据函数的编号、输入参数类型和返回值类型调用该导出函数了。要调用 `add()` 函数，需要基于解析的模块构造一个虚拟机实例，然后通过 `add()` 函数的编号调用函数：

```
vm, err := exec.NewVM(m)
if err != nil {
    log.Fatal(err)
}


// result = add(100, 20)
result, err := vm.ExecCode(0, 100, 20)
if err != nil {
    log.Fatal(err)
}


fmt.Printf("result(%[1]T): %[1]v\n", result)
```

其中 `exec.NewVM` 基于前面加载的模块构造一个虚拟机实例，然后 `vm.ExecCode` 调用索引为 0 的函数。索引 0 对应 `add()` 函数，输入参数是两个 `i32` 类型的整数。代码中以 100 和 20 作为参数调用 `add()` 函数，返回的结果就是 `add()` 函数的执行结果。

这样我们就拥有了一个 Go 语言版本的 WebAssembly 执行环境。

7.8 补充说明

Go1.11 开始正式支持 WebAssembly 模块将对两大社区带来影响。首先是基于 WebAssembly 技术可以将 Go 语言的整个软件生态资源引入 Node.js 和浏览器，这将极大地丰富 JavaScript 语言的软件生态。其次 WebAssembly 作为一种跨语言的虚拟机标准，也将对 Go 语言社区带来重大影响。WebAssembly 虚拟机很可能最终进化为 Go 语言中所有第三方脚本语言的公共平台，JavaScript、Lua、Python 甚至 Java 最终可能通过 WebAssembly 虚拟机进入 Go 语言生态。我们预测 WebAssembly 技术将彻底打通不同语言的界限，这是一项非常值得期待的技术。

指令参考

数据类型

- `i32`：32 位整型数。
- `i64`：64 位整型数。
- `f32`：32 位浮点数，IEEE 754 标准。
- `f64`：64 位浮点数，IEEE 754 标准。

常数指令

- `i32.const x`：在栈上压入值为 x 的 `i32` 值。
- `i64.const x`：在栈上压入值为 x 的 `i64` 值。
- `f32.const x`：在栈上压入值为 x 的 `f32` 值。
- `f64.const x`：在栈上压入值为 x 的 `f64` 值。

算术运算指令

算术运算指令的返回值（即运算后压入栈上的值）的类型都与其指令前缀类型一致，即以 "`i32.`" 为前缀的指令返回值类型均为 `i32`，其他类型类似。

- i32.add：i32 求和。从栈顶依次弹出 1 个 i32 的值 a、1 个 i32 的值 b，计算 a+b 的值压入栈。

- i32.sub：i32 求差。从栈顶依次弹出 1 个 i32 的值 a、1 个 i32 的值 b，计算 b-a 的值压入栈。

- i32.mul：i32 求积。从栈顶依次弹出 1 个 i32 的值 a、1 个 i32 的值 b，计算 a*b 的值压入栈。

- i32.div_s：i32 有符号求商。从栈顶依次弹出 1 个 i32 的值 a、1 个 i32 的值 b，按有符号整数计算 b/a 的值压入栈。

- i32.div_u：i32 无符号求商。从栈顶依次弹出 1 个 i32 的值 a、1 个 i32 的值 b，按无符号整数计算 b/a 的值压入栈。

- i32.rem_s：i32 有符号求余。从栈顶依次弹出 1 个 i32 的值 a、1 个 i32 的值 b，按有符号整数计算 b%a 的值压入栈。

- i32.rem_u：i32 无符号求余。从栈顶依次弹出 1 个 i32 的值 a、1 个 i32 的值 b，按无符号整数计算 b%a 的值压入栈。

- i64.add：i64 求和。从栈顶依次弹出 1 个 i64 的值 a、1 个 i64 的值 b，计算 a+b 的值压入栈。

- i64.sub：i64 求差。从栈顶依次弹出 1 个 i64 的值 a、1 个 i64 的值 b，计算 b-a 的值压入栈。

- i64.mul：i64 求积。从栈顶依次弹出 1 个 i64 的值 a、1 个 i64 的值 b，计算 a*b 的值压入栈。

- i64.div_s：i64 有符号求商。从栈顶依次弹出 1 个 i64 的值 a、1 个 i64 的值 b，按有符号整数计算 b/a 的值压入栈。

- i64.div_u：i64 无符号求商。从栈顶依次弹出 1 个 i64 的值 a、1 个 i64 的值 b，按无符号整数计算 b/a 的值压入栈。

- i64.rem_s：i64 有符号求余。从栈顶依次弹出 1 个 i64 的值 a、1 个 i64 的值 b，按有符号整数计算 b%a 的值压入栈。

- i64.rem_u：i64 无符号求余。从栈顶依次弹出 1 个 i64 的值 a、1 个 i64 的值 b，按无符号整数计算 b%a 的值压入栈。

- f32.abs：f32 求绝对值。从栈顶弹出 1 个 f32 的值 v，将其符号位置为 0 后压入栈。

- f32.neg：f32 求反。从栈顶弹出 1 个 f32 的值，将其符号位取反后压入栈。

- f32.ceil：f32 向上取整。从栈顶弹出 1 个 f32 的值 v，将最接近 v 且不小于 v 的整数值转为 f32 后压入栈。

- `f32.floor`：f32 向下取整。从栈顶弹出 1 个 f32 的值 v，将最接近 v 且不大于 v 的整数值转为 f32 后压入栈。
- `f32.trunc`：f32 向 0 取整。从栈顶弹出 1 个 f32 的值 v，丢弃其小数部分，保留整数部分转为 f32 后压入栈。
- `f32.nearest`：f32 向最接近的整数取整。从栈顶弹出 1 个 f32 的值 v，将最接近 v 的整数值转为 f32 后压入栈。
- `f32.sqrt`：f32 求平方根。从栈顶弹出 1 个 f32 的值 v，将其平方根压入栈。
- `f32.add`：f32 求和。从栈顶依次弹出 1 个 f32 的值 a、1 个 f32 的值 b，计算 a+b 的值压入栈。
- `f32.sub`：f32 求差。从栈顶依次弹出 1 个 f32 的值 a、1 个 f32 的值 b，计算 b-a 的值压入栈。
- `f32.mul`：f32 求积。从栈顶依次弹出 1 个 f32 的值 a、1 个 f32 的值 b，计算 a*b 的值压入栈。
- `f32.div`：f32 求商。从栈顶依次弹出 1 个 f32 的值 a、1 个 f32 的值 b，计算 b/a 的值压入栈。
- `f32.min`：f32 取最小值。从栈顶依次弹出 2 个 f32 的值，取其中较小者压入栈。若任一操作数为 NaN，则结果为 NaN；对该指令来说，−0 小于 +0。
- `f32.max`：f32 取最小值。从栈顶依次弹出 2 个 f32 的值，取其中较大者压入栈。若任一操作数为 NaN，则结果为 NaN；对该指令来说，−0 小于 +0。
- `f32.copysign`：从栈顶依次弹出 1 个 f32 的值 a、1 个 f32 的值 b，取 a 的符号位覆盖 b 的符号位后将 b 压入栈。
- `f64.abs`：f64 求绝对值。从栈顶弹出 1 个 f64 的值 v，将其符号位置为 0 后压入栈。
- `f64.neg`：f64 求反。从栈顶弹出 1 个 f64 的值，将其符号位取反后压入栈。
- `f64.ceil`：f64 向上取整。从栈顶弹出 1 个 f64 的值 v，将最接近 v 且不小于 v 的整数值转为 f64 后压入栈。
- `f64.floor`：f64 向下取整。从栈顶弹出 1 个 f64 的值 v，将最接近 v 且不大于 v 的整数值转为 f64 后压入栈。
- `f64.trunc`：f64 向 0 取整。从栈顶弹出 1 个 f64 的值 v，丢弃其小数部分，保留整数部分转为 f64 后压入栈。
- `f64.nearest`：f64 向最接近的整数取整。从栈顶弹出 1 个 f64 的值 v，将最接近 v 的整数值转为 f64 后压入栈。
- `f64.sqrt`：f64 求平方根。从栈顶弹出 1 个 f64 的值 v，将其平方根压入栈。

- `f64.add`：f64 求和。从栈顶依次弹出 1 个 f64 的值 a、1 个 f64 的值 b，计算 a+b 的值压入栈。
- `f64.sub`：f64 求差。从栈顶依次弹出 1 个 f64 的值 a、1 个 f64 的值 b，计算 b−a 的值压入栈。
- `f64.mul`：f64 求积。从栈顶依次弹出 1 个 f64 的值 a、1 个 f64 的值 b，计算 a*b 的值压入栈。
- `f64.div`：f64 求商。从栈顶依次弹出 1 个 f64 的值 a、1 个 f64 的值 b，计算 b/a 的值压入栈。
- `f64.min`：f64 取最小值。从栈顶依次弹出 2 个 f64 的值，取其中较小者压入栈。若任一操作数为 NaN，则结果为 NaN；对该指令来说，−0 小于+0。
- `f64.max`：f64 取最小值。从栈顶依次弹出 2 个 f64 的值，取其中较大者压入栈。若任一操作数为 NaN，则结果为 NaN；对该指令来说，−0 小于+0。
- `f64.copysign`：从栈顶依次弹出 1 个 f64 的值 a、1 个 f64 的值 b，取 a 的符号位覆盖 b 的符号位后将 b 压入栈。

位运算指令

位运算指令的返回值（即运算后压入栈上的值）的类型都与其指令前缀类型一致。

- `i32.clz`：从栈顶弹出 1 个 i32 的值 v，计算从 v 的二进制值的最高位起，连续为 0 的位数个数 k，将 k 压入栈。
- `i32.ctz`：从栈顶弹出 1 个 i32 的值 v，计算从 v 的二进制值的最低位起，连续为 0 的位数个数 k，将 k 压入栈。
- `i32.popcnt`：从栈顶弹出 1 个 i32 的值 v，计算 v 的二进制值中为 1 的位数个数 k，将 k 压入栈。
- `i32.and`：i32 按位与。从栈顶依次弹出 1 个 i32 的值 a、1 个 i32 的值 b，计算 a&b 的值压入栈。
- `i32.or`：i32 按位或。从栈顶依次弹出 1 个 i32 的值 a、1 个 i32 的值 b，计算 a|b 的值压入栈。
- `i32.xor`：i32 按位异或。从栈顶依次弹出 1 个 i32 的值 a、1 个 i32 的值 b，计算 a^b 的值压入栈。
- `i32.shl`：i32 左移。从栈顶依次弹出 1 个 i32 的值 a、1 个 i32 的值 b，将 b 左移 a 位的值压入栈。

- i32.shr_s：i32 数学右移。从栈顶依次弹出 1 个 i32 的值 a、1 个 i32 的值 b，将 b 数学右移 a 位的值压入栈（数学右移意味着在右移过程中符号位不变）。

- i32.shr_u：i32 逻辑右移。从栈顶依次弹出 1 个 i32 的值 a、1 个 i32 的值 b，将 b 逻辑右移 a 位的值压入栈。

- i32.rotl：i32 循环左移。从栈顶依次弹出 1 个 i32 的值 a、1 个 i32 的值 b，将 b 循环左移 a 位的值压入栈（循环左移意味着在移位过程中最高位移动至最低位）。

- i32.rotr：i32 循环右移。从栈顶依次弹出 1 个 i32 的值 a、1 个 i32 的值 b，将 b 循环右移 a 位的值压入栈（循环右移意味着在移位过程中最低位移动至最高位）。

- i64.clz：从栈顶弹出 1 个 i64 的值 v，计算从 v 的二进制值的最高位起，连续为 0 的位数个数 k，将 k 压入栈。

- i64.ctz：从栈顶弹出 1 个 i64 的值 v，计算从 v 的二进制值的最低位起，连续为 0 的位数个数 k，将 k 压入栈。

- i64.popcnt：从栈顶弹出 1 个 i64 的值 v，计算 v 的二进制值中为 1 的位数个数 k，将 k 压入栈。

- i64.and：i64 按位与。从栈顶依次弹出 1 个 i64 的值 a、1 个 i64 的值 b，计算 a&b 的值压入栈。

- i64.or：i64 按位或。从栈顶依次弹出 1 个 i64 的值 a、1 个 i64 的值 b，计算 a|b 的值压入栈。

- i64.xor：i64 按位异或。从栈顶依次弹出 1 个 i64 的值 a、1 个 i64 的值 b，计算 a^b 的值压入栈。

- i64.shl：i64 左移。从栈顶依次弹出 1 个 i64 的值 a、1 个 i64 的值 b，将 b 左移 a 位的值压入栈。

- i64.shr_s：i64 数学右移。从栈顶依次弹出 1 个 i64 的值 a、1 个 i64 的值 b，将 b 数学右移 a 位的值压入栈（数学右移意味着在右移过程中符号位不变）。

- i64.shr_u：i64 逻辑右移。从栈顶依次弹出 1 个 i64 的值 a、1 个 i64 的值 b，将 b 逻辑右移 a 位的值压入栈。

- i64.rotl：i64 循环左移。从栈顶依次弹出 1 个 i64 的值 a、1 个 i64 的值 b，将 b 循环左移 a 位的值压入栈（循环左移意味着在移位过程中最高位移动至最低位）。

- i64.rotr：i64 循环右移。从栈顶依次弹出 1 个 i64 的值 a、1 个 i64 的值 b，将 b 循环右移 a 位的值压入栈（循环右移意味着在移位过程中最低位移动至最高位）。

变量访问指令

- `get_local x`：将 x 指定的局部变量的值压入栈；x 是局部变量的索引或别名。
- `set_local x`：从栈顶弹出 1 个值，并存入 x 指定的局部变量；x 是局部变量的索引或别名。
- `tee_local x`：将栈顶的值存入 x 指定的局部变量（值保留在栈顶，不弹出）；x 是局部变量的索引或别名。
- `get_global x`：将 x 指定的全局变量的值压入栈；x 是全局变量的索引或别名。
- `set_global x`：从栈顶弹出 1 个值，并存入 x 指定的全局变量；x 是全局变量的索引或别名，该变量必须为可写全局变量。

内存访问指令

- `i32.load offset=o align=a`：从栈顶弹出 1 个 i32 的值 addr，从内存的 addr+o 偏移处读取 1 个 i32 的值压入栈。a 为地址对齐值，取值为 1、2、4、8。"offset=..." 可省略，默认值为 0；"align=..." 可省略，默认值为 4。
- `i64.load offset=o align=a`：从栈顶弹出 1 个 i32 的值 addr，从内存的 addr+o 偏移处读取 1 个 i64 的值压入栈。a 为地址对齐值，取值为 1、2、4、8。"offset=..." 可省略，默认值为 0；"align=..." 可省略，默认值为 8。
- `f32.load offset=o align=a`：从栈顶弹出 1 个 i32 的值 addr，从内存的 addr+o 偏移处读取 1 个 f32 的值压入栈。a 为地址对齐值，取值为 1、2、4、8。"offset=..." 可省略，默认值为 0；"align=..." 可省略，默认值为 4。
- `f64.load offset=o align=a`：从栈顶弹出 1 个 i32 的值 addr，从内存的 addr+o 偏移处读取 1 个 f64 的值压入栈。a 为地址对齐值，取值为 1、2、4、8。"offset=..." 可省略，默认值为 0；"align=..." 可省略，默认值为 8。
- `i32.load8_s offset=o align=a`：从栈顶弹出 1 个 i32 的值 addr，从内存的 addr+o 偏移处读取 1 字节，并按有符号整数扩展为 i32（符号位扩展至最高位，其余填充 0）压入栈。a 为地址对齐值，取值为 1、2、4、8。"offset=..." 可省略，默认值为 0；"align=..." 可省略，默认值为 1。

- `i32.load8_u offset=o align=a`：从栈顶弹出 1 个 i32 的值 addr，从内存的 addr+o 偏移处读取 1 字节，并按无符号整数扩展为 i32（高位填充 0）压入栈。a 为地址对齐值，取值为 1、2、4、8。"offset=..."可省略，默认值为 0；"align=..."可省略，默认值为 1。

- `i32.load16_s offset=o align=a`：从栈顶弹出 1 个 i32 的值 addr，从内存的 addr+o 偏移处读取 2 字节，并按有符号整数扩展为 i32（符号位扩展至最高位，其余填充 0）压入栈。a 为地址对齐值，取值为 1、2、4、8。"offset=..."可省略，默认值为 0；"align=..."可省略，默认值为 2。

- `i32.load16_u offset=o align=a`：从栈顶弹出 1 个 i32 的值 addr，从内存的 addr+o 偏移处读取 2 字节，并按无符号整数扩展为 i32（高位填充 0）压入栈。a 为地址对齐值，取值为 1、2、4、8。"offset=..."可省略，默认值为 0；"align=..."可省略，默认值为 2。

- `i64.load8_s offset=o align=a`：从栈顶弹出 1 个 i32 的值 addr，从内存的 addr+o 偏移处读取 1 字节，并按有符号整数扩展为 i64（符号位扩展至最高位，其余填充 0）压入栈。a 为地址对齐值，取值为 1、2、4、8。"offset=..."可省略，默认值为 0；"align=..."可省略，默认值为 1。

- `i64.load8_u offset=o align=a`：从栈顶弹出 1 个 i32 的值 addr，从内存的 addr+o 偏移处读取 1 字节，并按无符号整数扩展为 i64（高位填充 0）压入栈。a 为地址对齐值，取值为 1、2、4、8。"offset=..."可省略，默认值为 0；"align=..."可省略，默认值为 1。

- `i64.load16_s offset=o align=a`：从栈顶弹出 1 个 i32 的值 addr，从内存的 addr+o 偏移处读取 2 字节，并按有符号整数扩展为 i64（符号位扩展至最高位，其余填充 0）压入栈。a 为地址对齐值，取值为 1、2、4、8。"offset=..."可省略，默认值为 0；"align=..."可省略，默认值为 2。

- `i64.load16_u offset=o align=a`：从栈顶弹出 1 个 i32 的值 addr，从内存的 addr+o 偏移处读取 2 字节，并按无符号整数扩展为 i64（高位填充 0）压入栈。a 为地址对齐值，取值为 1、2、4、8。"offset=..."可省略，默认值为 0；"align=..."可省略，默认值为 2。

- `i64.load32_s offset=o align=a`：从栈顶弹出 1 个 i32 的值 addr，从内存的 addr+o 偏移处读取 4 字节，并按有符号整数扩展为 i64（符号位扩展至最高位，其余填充 0）压入栈。a 为地址对齐值，取值为 1、2、4、8。"offset=..."可省略，默认值为 0；"align=..."可省略，默认值为 4。

- `i64.load32_u offset=o align=a`：从栈顶弹出 1 个 i32 的值 addr，从

内存的 addr+o 偏移处读取 4 字节，并按无符号整数扩展为 i64（高位填充 0）压入栈。a 为地址对齐值，取值为 1、2、4、8。"offset=..."可省略，默认值为 0；"align=..."可省略，默认值为 4。

- i32.store offset=o align=a：从栈顶依次弹出 1 个 i32 的值 value、1 个 i32 的值 addr，在内存的 addr+o 偏移处写入 value。a 为地址对齐值，取值为 1、2、4、8。"offset=..."可省略，默认值为 0；"align=..."可省略，默认值为 4。

- i64.store offset=o align=a：从栈顶依次弹出 1 个 i64 的值 value、1 个 i64 的值 addr，在内存的 addr+o 偏移处写入 value。a 为地址对齐值，取值为 1、2、4、8。"offset=..."可省略，默认值为 0；"align=..."可省略，默认值为 8。

- f32.store offset=o align=a：从栈顶依次弹出 1 个 f32 的值 value、1 个 i32 的值 addr，在内存的 addr+o 偏移处写入 value。a 为地址对齐值，取值为 1、2、4、8。"offset=..."可省略，默认值为 0；"align=..."可省略，默认值为 4。

- f64.store offset=o align=a：从栈顶依次弹出 1 个 f64 的值 value、1 个 i32 的值 addr，在内存的 addr+o 偏移处写入 value。a 为地址对齐值，取值为 1、2、4、8。"offset=..."可省略，默认值为 0；"align=..."可省略，默认值为 8。

- i32.store8 offset=o align=a：从栈顶依次弹出 1 个 i32 的值 value、1 个 i32 的值 addr，在内存的 addr+o 偏移处写入 value 低 8 位(写入 1 字节)。a 为地址对齐值，取值为 1、2、4、8。"offset=..."可省略，默认值为 0；"align=..."可省略，默认值为 1。

- i32.store16 offset=o align=a：从栈顶依次弹出 1 个 i32 的值 value、1 个 i32 的值 addr，在内存的 addr+o 偏移处写入 value 低 16 位（写入 2 字节）。a 为地址对齐值，取值为 1、2、4、8。"offset=..."可省略，默认值为 0；"align=..."可省略，默认值为 2。

- i64.store8 offset=o align=a：从栈顶依次弹出 1 个 i64 的值 value、1 个 i32 的值 addr，在内存的 addr+o 偏移处写入 value 低 8 位(写入 1 字节)。a 为地址对齐值，取值为 1、2、4、8。"offset=..."可省略，默认值为 0；"align=..."可省略，默认值为 1。

- i64.store16 offset=o align=a：从栈顶依次弹出 1 个 i64 的值 value、1 个 i32 的值 addr，在内存的 addr+o 偏移处写入 value 低 16 位（写入 2 字

节）。a 为地址对齐值，取值为 1、2、4、8。"offset=..." 可省略，默认值为 0；"align=..." 可省略，默认值为 2。

- `i64.store32 offset=o align=a`：从栈顶依次弹出 1 个 i64 的值 value、1 个 i32 的值 addr，在内存的 addr+o 偏移处写入 value 低 32 位（写入 4 字节）。a 为地址对齐值，取值为 1、2、4、8。"offset=..." 可省略，默认值为 0；"align=..." 可省略，默认值为 4。

- `memory.size`：当前内存容量（i32 型）压入栈，以页为单位（1 页=64 KB=65,536 字节）。

- `memory.grow`：令内存的当前容量为 c，从栈顶弹出 1 个 i32 的值 v，将内存的容量扩大为 c+v，以页为单位。如果扩容成功，将值为 c 的 i32 压入栈，否则将值为-1 的 i32 压入栈。内存新扩大的部分全部初始化为 0 值。

比较指令

比较指令的返回值（即运算后压入栈上的值）均为 i32。

- `i32.eqz`：从栈顶弹出 1 个 i32 的值 v，若 v 为 0，则在栈中压入 1，否则压入 0。

- `i32.eq`：从栈顶依次弹出 2 个 i32 值，若二者相等，则在栈中压入 1，否则压入 0。

- `i32.ne`：从栈顶依次弹出 2 个 i32 值，若二者相等，则在栈中压入 0，否则压入 1。

- `i32.lt_s`：从栈顶依次弹出 1 个 i32 值 a、1 个 i32 值 b，若 b 小于 a，则在栈中压入 1，否则压入 0。a 和 b 都被认为是有符号整数。

- `i32.lt_u`：从栈顶依次弹出 1 个 i32 值 a、1 个 i32 值 b，若 b 小于 a，则在栈中压入 1，否则压入 0。a 和 b 都被认为是无符号整数。

- `i32.gt_s`：从栈顶依次弹出 1 个 i32 值 a、1 个 i32 值 b，若 b 大于 a，则在栈中压入 1，否则压入 0。a 和 b 都被认为是有符号整数。

- `i32.gt_u`：从栈顶依次弹出 1 个 i32 值 a、1 个 i32 值 b，若 b 大于 a，则在栈中压入 1，否则压入 0。a 和 b 都被认为是无符号整数。

- `i32.le_s`：从栈顶依次弹出 1 个 i32 值 a、1 个 i32 值 b，若 b 小于等于 a，则在栈中压入 1，否则压入 0。a 和 b 都被认为是有符号整数。

- `i32.le_u`：从栈顶依次弹出 1 个 i32 值 a、1 个 i32 值 b，若 b 小于等于 a，

则在栈中压入 1，否则压入 0。a 和 b 都被认为是无符号整数。

- i32.ge_s：从栈顶依次弹出 1 个 i32 值 a、1 个 i32 值 b，若 b 大于等于 a，则在栈中压入 1，否则压入 0。a 和 b 都被认为是有符号整数。

- i32.ge_u：从栈顶依次弹出 1 个 i32 值 a、1 个 i32 值 b，若 b 大于等于 a，则在栈中压入 1，否则压入 0。a 和 b 都被认为是无符号整数。

- i64.eqz：从栈顶弹出 1 个 i64 的值 v，若 v 为 0，则在栈中压入 1，否则压入 0。

- i64.eq：从栈顶依次弹出 2 个 i64 值，若二者相等，则在栈中压入 1，否则压入 0。

- i64.ne：从栈顶依次弹出 2 个 i64 值，若二者相等，则在栈中压入 0，否则压入 1。

- i64.lt_s：从栈顶依次弹出 1 个 i64 值 a、1 个 i64 值 b，若 b 小于 a，则在栈中压入 1，否则压入 0。a 和 b 都被认为是有符号整数。

- i64.lt_u：从栈顶依次弹出 1 个 i64 值 a、1 个 i64 值 b，若 b 小于 a，则在栈中压入 1，否则压入 0。a 和 b 都被认为是无符号整数。

- i64.gt_s：从栈顶依次弹出 1 个 i64 值 a、1 个 i64 值 b，若 b 大于 a，则在栈中压入 1，否则压入 0。a 和 b 都被认为是有符号整数。

- i64.gt_u：从栈顶依次弹出 1 个 i64 值 a、1 个 i64 值 b，若 b 大于 a，则在栈中压入 1，否则压入 0。a 和 b 都被认为是无符号整数。

- i64.le_s：从栈顶依次弹出 1 个 i64 值 a、1 个 i64 值 b，若 b 小于等于 a，则在栈中压入 1，否则压入 0。a 和 b 都被认为是有符号整数。

- i64.le_u：从栈顶依次弹出 1 个 i64 值 a、1 个 i64 值 b，若 b 小于等于 a，则在栈中压入 1，否则压入 0。a 和 b 都被认为是无符号整数。

- i64.ge_s：从栈顶依次弹出 1 个 i64 值 a、1 个 i64 值 b，若 b 大于等于 a，则在栈中压入 1，否则压入 0。a 和 b 都被认为是有符号整数。

- i64.ge_u：从栈顶依次弹出 1 个 i64 值 a、1 个 i64 值 b，若 b 大于等于 a，则在栈中压入 1，否则压入 0。a 和 b 都被认为是无符号整数。

- f32.eq：从栈顶依次弹出 2 个 f32 值，若二者相等，则在栈中压入 1，否则压入 0。

- f32.ne：从栈顶依次弹出 2 个 f32 值，若二者相等，则在栈中压入 0，否则压入 1。

- f32.lt：从栈顶依次弹出 1 个 f32 值 a、1 个 f32 值 b，若 b 小于 a，则在栈中压入 1，否则压入 0。

- `f32.gt`：从栈顶依次弹出 1 个 f32 值 a、1 个 f32 值 b，若 b 大于 a，则在栈中压入 1，否则压入 0。

- `f32.le`：从栈顶依次弹出 1 个 f32 值 a、1 个 f32 值 b，若 b 小于等于 a，则在栈中压入 1，否则压入 0。

- `f32.ge`：从栈顶依次弹出 1 个 f32 值 a、1 个 f32 值 b，若 b 大于等于 a，则在栈中压入 1，否则压入 0。

- `f64.eq`：从栈顶依次弹出 2 个 f64 值，若二者相等，则在栈中压入 1，否则压入 0。

- `f64.ne`：从栈顶依次弹出 2 个 f64 值，若二者相等，则在栈中压入 0，否则压入 1。

- `f64.lt`：从栈顶依次弹出 1 个 f64 值 a、1 个 f64 值 b，若 b 小于 a，则在栈中压入 1，否则压入 0。

- `f64.gt`：从栈顶依次弹出 1 个 f64 值 a、1 个 f64 值 b，若 b 大于 a，则在栈中压入 1，否则压入 0。

- `f64.le`：从栈顶依次弹出 1 个 f64 值 a、1 个 f64 值 b，若 b 小于等于 a，则在栈中压入 1，否则压入 0。

- `f64.ge`：从栈顶依次弹出 1 个 f64 值 a、1 个 f64 值 b，若 b 大于等于 a，则在栈中压入 1，否则压入 0。

类型转换指令

- `i32.wrap/i64`：从栈顶弹出 1 个 i64 的值 v，高 32 位舍弃，将其低 32 位的 i32 值压入栈。

- `i32.trunc_s/f3`：从栈顶弹出 1 个 f32 的值 v，向 0 取整（即丢弃其小数部分，保留整数部分）为有符号 i32 后压入栈。若取整后的值超过有符号 i32 的值域，抛出 `WebAssembly.RuntimeError`。

- `i32.trunc_u/f32`：从栈顶弹出 1 个 f32 的值 v，向 0 取整（即丢弃其小数部分，保留整数部分）为无符号 i32 后压入栈。若取整后的值超过无符号 i32 的值域，抛出 `WebAssembly.RuntimeError`。由于无符号 i32 始终大于等于 0，因此若操作数小于等于−1.0 时将抛出异常。

- `i32.trunc_s/f64`：从栈顶弹出 1 个 f64 的值 v，向 0 取整（即丢弃其小数部分，保留整数部分）为有符号 i32 后压入栈。若取整后的值超过无符号 i32 的值域，抛出 WebAssembly.RuntimeError。

- i32.trunc_u/f64：从栈顶弹出 1 个 f64 的值 v，向 0 取整（即丢弃其小数部分，保留整数部分）为无符号 i32 后压入栈。若取整后的值超过无符号 i32 的值域，抛出 WebAssembly.RuntimeError。由于无符号 i32 始终大于等于 0，因此若 v 小于等于 -1.0 时将抛出 WebAssembly.RuntimeError。

- i64.extend_s/i32：从栈顶弹出 1 个 i32 的值 v，按有符号整数扩展为 i64（符号位扩展至最高位，其余填充 0）压入栈。

- i64.extend_u/i32：从栈顶弹出 1 个 i32 的值 v，按无符号整数扩展为 i64（高位填充 0）压入栈。

- i64.trunc_s/f32：从栈顶弹出 1 个 f32 的值 v，向 0 取整（即丢弃其小数部分，保留整数部分）为有符号 i64 后压入栈。若取整后的值超过有符号 i64 的值域，抛出 WebAssembly.RuntimeError。

- i64.trunc_u/f32：从栈顶弹出 1 个 f32 的值 v，向 0 取整（即丢弃其小数部分，保留整数部分）为无符号 i64 后压入栈。若取整后的值超过无符号 i64 的值域，抛出 WebAssembly.RuntimeError。由于无符号 i64 始终大于等于 0，因此若 v 小于等于 -1.0 时将抛出 WebAssembly.RuntimeError。

- i64.trunc_s/f64：从栈顶弹出 1 个 f64 的值 v，向 0 取整（即丢弃其小数部分，保留整数部分）为有符号 i64 后压入栈。若取整后的值超过无符号 i64 的值域，抛出 WebAssembly.RuntimeError。

- i64.trunc_u/f64：从栈顶弹出 1 个 f64 的值 v，向 0 取整（即丢弃其小数部分，保留整数部分）为无符号 i64 后压入栈。若取整后的值超过无符号 i64 的值域，抛出 WebAssembly.RuntimeError。由于无符号 i64 始终大于等于 0，因此若 v 小于等于 -1.0 时将抛出 WebAssembly.RuntimeError。

- f32.convert_s/i32：从栈顶弹出 1 个 i32 的值 v，将其转为最接近的 f32 型的值 f 后压入栈。v 被视为有符号整数，转换过程可能丢失精度。

- f32.convert_u/i32：从栈顶弹出 1 个 i32 的值 v，将其转为最接近的 f32 型的值 f 后压入栈。v 被视为无符号整数，转换过程可能丢失精度。

- f32.convert_s/i64：从栈顶弹出 1 个 i64 的值 v，将其转为最接近的 f32 型的值 f 后压入栈。v 被视为有符号整数，转换过程可能丢失精度。

- f32.convert_u/i64：从栈顶弹出 1 个 i64 的值 v，将其转为最接近的 f32 型的值 f 后压入栈。v 被视为无符号整数，转换过程可能丢失精度。

- f32.demote/f64：从栈顶弹出 1 个 f64 的值 v，将其转为最接近的 f32 型的值 f 后压入栈。转换过程可能丢失精度或溢出。

- `f64.convert_s/i32`：从栈顶弹出 1 个 i32 的值 v，将其转为 f64 型的值 f 后压入栈。v 被视为有符号整数。
- `f64.convert_u/i32`：从栈顶弹出 1 个 i32 的值 v，将其转为 f64 型的值 f 后压入栈。v 被视为无符号整数。
- `f64.convert_s/i64`：从栈顶弹出 1 个 i64 的值 v，将其转为最接近的 f64 型的值 f 后压入栈。v 被视为有符号整数，转换过程可能丢失精度。
- `f64.convert_u/i64`：从栈顶弹出 1 个 i64 的值 v，将其转为最接近的 f64 型的值 f 后压入栈。v 被视为无符号整数，转换过程可能丢失精度。
- `f64.promote/f32`：从栈顶弹出 1 个 f32 的值 v，将其转为 f64 型的值 f 后压入栈。
- `i32.reinterpret/f32`：从栈顶弹出 1 个 f32 的值 v，将其按位原样转为 i32 后压入栈。
- `i64.reinterpret/f64`：从栈顶弹出 1 个 f64 的值 v，将其按位原样转为 i64 后压入栈。
- `f32.reinterpret/i32`：从栈顶弹出 1 个 i32 的值 v，将其按位原样转为 f32 后压入栈。
- `f64.reinterpret/i64`：从栈顶弹出 1 个 i64 的值 v，将其按位原样转为 f64 后压入栈。

控制流指令

- `br l`：l 为 label 别名或 label 相对层数（即相对于当前代码块的嵌套深度）。跳转至 l 指定的 label 索引的代码块的后续点。
- `br_if l`：从栈顶弹出 1 个 i32 的值 v，若 v 不等于 0，则执行 br l。
- `br_table L[n] L_Default`：L[n] 是一个长度为 n 的 label 索引数组。从栈上弹出一个 i32 的值 m，如果 m 小于 n，则执行 br L[m]，否则执行 br L_Default。
- `Return`：跳出函数。
- `call f`：f 为函数别名或函数索引。根据 f 指定的函数的签名初始化参数并调用它。
- `call_indirect t`：t 为类型别名或类型索引。从栈顶弹出 1 个 i32 的值 n，根据 t 指定的函数签名初始化参数并调用表格中索引为 n 的函数。

- `block/end`：block 指令块，详见 4.8 节。
- `loop/end`：loop 指令块，详见 4.8 节。
- `if/else/end`：if/else 指令块，详见 4.8 节。

其他指令

- `unreachable`：触发异常，抛出 `WebAssembly.RuntimeError`。
- `nop`：什么也不做。
- `drop`：从栈顶弹出 1 个值，无视类型。
- `select`：依次从栈顶弹出 1 个 i32 的值 c、1 个值 b、1 个值 a，若 c 不为 0，则将 a 压入栈，否则将 b 压入栈。a 和 b 必须为同一种类型。